老年人

安全常识

苏　辉◎编著

华龄出版社

责任编辑：高志红
责任印制：李未圻

图书在版编目（CIP）数据

老年人安全常识 / 苏辉编著 . —北京：华龄出版社，2020.3
ISBN 978-7-5169-1582-0

Ⅰ. ①老… Ⅱ. ①苏… Ⅲ. ①老年人—安全—知识
Ⅳ. ① X956

中国版本图书馆 CIP 数据核字（2020）第 008413 号

书　　名：老年人安全常识
作　　者：苏　辉　编著

出 版 人：胡福君
出版发行：华龄出版社
地　　址：北京市东城区安定门外大街甲57号　**邮　　编：**100011
电　　话：010-58122246　**传　　真：**010-84049572
网　　址：http://www.hualingpress.com

印　　刷：北京市大宝装璜印刷厂
版　　次：2020年6月第1版　2020年6月第1次印刷
开　　本：710mm × 1000mm　1/16　**印　　张：**7
字　　数：45千字
定　　价：28.00元

目录

微信扫码
添加阅读交流群
获取系列丛书
电子书及音频

一、家庭安全

家庭安全隐患有哪些？

家庭中的安全隐患，主要有以下几个方面。

一是用“电”。如今家庭中的电器设备越来越多，大大方便了人们的生活，但同时带来的问题就是若使用不当，会引发家庭安全事故。如线路老化，就很有可能造成电线短路，引发火灾；电器周围堆放易燃、易爆物品，也易引起火灾。

二是用“气”。现在多数家庭都使用天然气或煤气灶，在使用方便的同时也存在安全隐患：管道、阀门漏气，或在烹饪过程中离开，锅内食物溢出将火苗扑灭，发生煤气泄漏，遇明火引起爆炸。还有的家庭使用直排式燃气热水器，使用不当，也易煤气中毒。

三是用“水”。与电和气相比，由水引起的危害相对没那么严重，但是水管和水龙头一旦破裂，也会造成严重的后果，不仅浸泡了自家的东西，还会殃及楼下邻居。

四是生活细节不注意。如没有家庭安全设备：烟雾报警器、家庭灭火器、安全插座等；安全生活习惯未养成：家庭取暖器临睡前不断电、在床上吸烟、家庭厨房大功率电器未配置专用插座，而是使用接线板、瓶装标签与内置物不一致、没有规划逃生路线等。

家居环境如何注意防止老年人跌倒?

大部分老年人都是在家里跌倒的。但是，只要做好一些预防措施就可以大大降低跌倒的风险。①地面平整，去除室内的台阶和门槛，地面要防滑，把室内所有小地毯拿走，或使用双面胶带，防止小地毯滑动。②入口及通道通畅，台阶、门槛、地毯边缘无障碍。尽量避免东西随处摆放，电线要收好或固定在角落，不要将杂物放在经常行走的通道上。③浴室安装防滑地板或地砖，尤其是在地湿的时候可以止滑；淋浴间和浴缸要有防滑垫或止滑表面。淋浴间如果有带扶手的椅子，要放在接近水龙头的地方，且用手持式的莲蓬头就可以坐着淋浴。浴室中在马桶旁、浴缸旁安装稳固的扶手及呼叫器。④改善家中照明，使室内光线充足，老年人床边应放置容易伸手摸到的台灯，最好还有紧急呼叫设施；卧室及浴室安装夜灯。⑤尽量设置无障碍空间，不使用有轮子的家具，日用品固定摆放在方便取放的位置，不随意变动；房间内床和家具之间要有足够的空间可以行走，放一张椅子，这样换衣服时就可以坐着。⑥厨房地板要可以止滑、不反光。橱柜里的东西不要放得太高或太低，要放在不需要别人帮忙就可以拿到的地方。拿东西时尽量不要爬上梯子或踩在凳子上，也千万不要踩在椅子上。椅子要够稳（不要有轮子），还要有扶手，扶手不要太高或太低，方便坐下或站起来。⑦如家中养宠物，将宠物系上铃铛，以防老年人不注意时绊倒摔跤。

老年人如何防跌倒？

老年人跌倒的发生并不是一种意外，而是存在潜在的危险因素，老年人跌倒是可以预防和控制的。老年人跌倒是多因素交互作用的结果，通常有生理原因、心理原因、环境原因、社会原因、服用药物等各个方面。从个人角度，纠正不健康的生活方式和行为，规避或消除环境中的危险因素，可以防止跌倒的发生。除了要增强防跌倒意识，加强防跌倒知识和技能学习之外，还应该做到：

1.坚持参加规律的体育锻炼，以增强肌肉力量、柔韧性、协调性、平衡能力、步态稳定性和灵活性，从而减少跌倒的发生。适合老年人的运动包括太极拳、散步等。

2. 合理用药。按医嘱正确服药，不要随意乱用药，更要避免同时服用多种药物，并且尽可能减少用药的剂量，了解药物的副作用且注意用药后的反应，用药后动作宜缓慢，以预防跌倒的发生。

3. 选择适当的辅助工具，使用合适长度、顶部面积较大的拐杖。将拐杖、助行器及经常使用的物件等放在触手可及的位置。有视、听及其他感知障碍的老年人应佩戴视力补偿设施、助听器及其他补偿设施。

4. 熟悉生活环境：道路、厕所、路灯以及紧急时哪里可以获得帮助等。

5. 衣服要舒适，尽量穿合身宽松的衣服。尽量避免穿高跟鞋、拖鞋、鞋底过于柔软以及穿着时易于滑倒的鞋。

6. 调整生活方式，包括避免走过陡的楼梯或台阶，上下楼梯、如厕时尽可能使用扶手；转身、转头时动作一定要慢；走路保持步态平稳，尽量慢走，避免携带沉重物品；避免去人多及湿滑的地方；使用交通工具时，应等车辆停稳后再上下；放慢起身、下床的速度，避免睡前饮水过多以致夜间多次起床；晚上床旁尽量放置小便器；避免在他人看不到的地方独自活动。

7. 防治骨质疏松。加强膳食营养，保持均衡的饮食，适当补充维生素 D 和钙剂；绝经期老年女性必要时应进行激素替代治疗，增强骨骼强度，降低跌倒后的损伤严重程度。

8. 改善家居环境，家人注意协助。

家庭火灾一般由什么引起?

家庭中最为常见，也最为严重的是火灾事故。引发家庭火灾的原因多种多样，归纳起来主要有以下几个方面。

1. 电气火灾。一是电气线路引起的火灾。电气线路设置不规范，现代化的家电日益增多，长时间、超负荷使用或产品质量不过关，极易使家用电器起火燃烧，引发火灾；二是电器设备使用不当引起的火灾。除了电气线路会引起火灾外，还有大量的电气火灾是由用电设备引起，因为电器的使用，主要是把电能转化成热能、光能、机械能等，这样必然要用到一些如灯、电动机、电加热器等的用电设备，这些设备和装置如选择不当，使用不合理，也极有可能发生火灾。

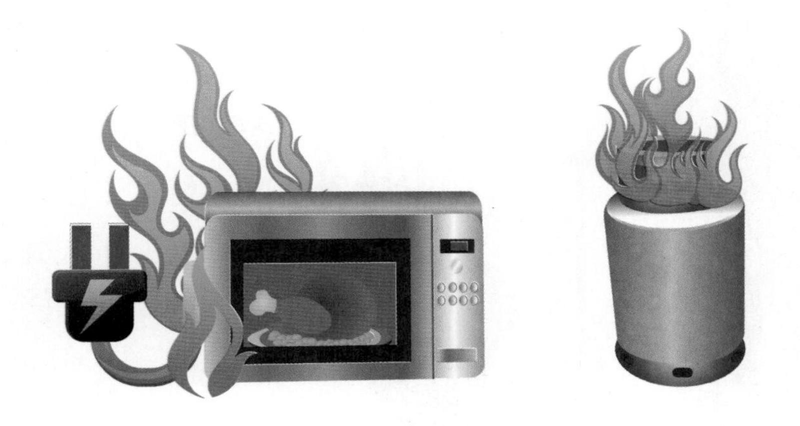

2. 燃气火灾。一是家用燃器具违规操作或维护不到位，

不注重对液化气灶具的维修和保养，液化气管道破损漏气引发火灾；二是燃器具放置不当，如通风不良、靠近火源或可燃物。

3. 用火不慎。一是厨房用火不慎：烧水锅壶盛水过满，水溢出熄灭火焰，照常放出的气体遇明火发生爆炸；烹饪时，油锅过热起火；农村中将做饭烧过的未完全熄灭的炉灰等物随意倒在室外，遇风及可燃物燃烧酿成火灾。二是生活、照明用火不慎：夏季用蚊香，由于蚊香等摆放不当或电蚊香长期处于工作状态，而招致火灾；冬季用火炉、火盆取暖时疏忽大意造成火灾；使用蜡烛照明时，点燃的蜡烛过于靠近可燃物，引发火灾。三是吸烟不慎：在家中乱扔烟头，致使未熄灭的烟头引燃家中的可燃物；吸烟时躺在床上、沙发上未熄灭即入睡，引燃被褥、沙发，造成火灾；由于有些居民家中使用易燃易爆物品时吸烟引发火灾等。

4. 小孩玩火。儿童未接受防火安全教育，不知道火的危险性，或因好奇玩弄火柴、打火机，引燃可燃物甚至引燃煤气、液化气等酿成火灾、爆炸等悲剧。

居家生活中有哪些用电安全隐患？

家庭中的用电事故多会引起火灾，造成财产损失，甚至人员伤亡，因此我们要注意家庭中存在的用电安全隐患，杜绝用电事故的发生。一般来说，家庭中的用电安全隐患有以下几点。

1. 家庭电器线路由于装修和不断增加电器设备等原因造成混乱和不规范，形成潜在隐患。家庭中的线路一般在装修时就规划妥当，但现实生活与开始的设计总有不相符的地方，于是就出现了固定插座不够用，需要用外接插座的情况，也会出现需拉电线的情况，也就埋下了用电隐患。随着人民生活水平的提高，各种电器设备进入家庭，这种情况日益严重，尤其是一些老旧小区，往往因

为各种用电原因出现事故。

2. 电器的工作电压和工作电流与所用的功率不符，造成电线长期过载，温度过高而引发火灾。社会进步、科技更新，用途各式各样的电器进入家庭，为求方便，许多家庭在电器不使用时也不切断电源，造成电线长时间超负荷“工作”，时间长了会“自燃”而引发火灾。

3. 插头损坏，不及时更换，用裸线头代替插头使用，容易造成短路或打火花，若遇可燃物即可能起火。

4. 电器在使用的过程中由于故障出现，瞬间电流超过额定电流，保险丝会在很短的时间内熔断，从而达到保护电路板上其他昂贵元件不被烧坏和对电路起火发生意外，进行保护的目的。但如果在保险丝下附近有可燃物，保险丝熔断时，有灼热的金属颗粒掉落其上，便会引起燃烧。

5. 电器使用不当。灯具引起的火灾：灯泡紧靠易燃物品，日光灯的接线绝缘损坏，碰线短路；电炉、电熨斗火灾：电炉、电熨斗放在可燃物上，或使用中停电而忘记拔掉电源插头，来电后烤着可燃物等；电热褥火灾：长时间通电，可能使铺垫过热引起火灾；高档电器的爆炸与火灾：电视机高压放电，机内通风不好、绝缘不好和雷击起火；录音机使用后忘记切断电源，使变压器长时间通电发热；电冰箱内贮存酒精等易燃易爆液体，挥发的气体与空气形成爆炸性混合物，当浓度达到3%时，遇到冰箱内温控开关频繁动作产生的电火花，就会立即爆炸起火。

怎样正确设置电源插座?

在居家生活中，插座的使用主要是要满足方便和安全两个要求，具体来说要注意以下几点：

1.固定插座的数量。随着人们生活水平的提高，家用电器数量急剧增加，在装修新居时，一定要计划好室内的固定插座的数量及位置，请专业电工进行铺设、安装。否则如果固定插座数量不够，或虽然数量够，但不方便摆放的电器使用，就只能采用移动插座，甚至要从一个固定插座中引出数个移动插座进行串联，这最好选择突破大功率插座这样的高承载插座，以保障线路安全。

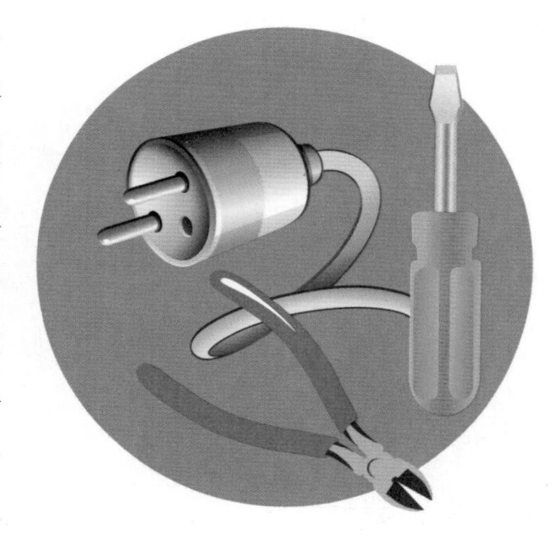

2.插座的选购要充分重视质量及安全问题。在选购时一定要选择通过国家质量监督的插座产品，有小孩的家庭，一定要选择有插孔保护的插座。还要注意有无防雷元件，因为插座是家电防雷的最后一道屏障，尤其是雷电多发的地方更应注意。

3.插座要定期检查维护。插座产品随着使用时间的增加，许多安全性能会有所下降，所以在一般情况下，两个月左右应对插座进行一次定期检查和维护。

使用电源插座时应注意什么?

1. 插座与插头不配套时应更换插座，而不应改变插头尺寸与形状，以免发生火灾或触电事故。

2. 避免湿手插、拔插头。尤其是在厨房操作时，用过水后未擦干净就去插、拔插头，容易导致触电事故的发生。

3. 禁止手捏着电源线拔插头。老年人插拔插头时，怕触电不捏住插头，而是拽电源线，次数多了，会把电源线与插头连接的部位拽断，拽断的部位容易发生短路、漏电，引发火灾和触电事故。

4. 插头常擦拭，保持清洁。插头两极落满灰尘或产生铜绿，会增加插座与插头的接触电阻，使用时产生高温，进而影响插座的使用寿命或烧坏插座，甚至产生火灾。

5. 经常检查插座插头，发现异常及时更换。当发现插座温度过高或出现拉弧、打火或插头与插座接触不良、插头过松或过紧时，应及时停止使用并更换。

6. 插座额定电流应不低于所插电器的额定电流。插座额定电流低时会发热，影响使用寿命、损坏电器甚至引起火灾。特别注意，不要将空调、微波炉等大功率家用电器插在额定电流值小的插座上使用。

7. 使用插孔多的多用插座时，注意不能同时开启多个电器，以免造成瞬间电流太大，烧毁电源引线引起火灾。

8. 尽量不用临时插座，因为这种插座由于经常移动，电源引线及插座受损的可能性很大，所以使用时触电的危险性很大，应尽量避免使用。

9. 避免旧插座超期服役。插座有自己的使用寿命，一般以可插拔的次数为单位。在购买插座时应了解其使用寿命，及时更换。否则插座超过使用寿命后，内部接插的铜件老化，外壳绝缘不良。使用时随时可能发生外壳带电与接触不良现象，给使用者人身安全和电器安全带来伤害。

家庭生活中使用电器时应注意什么?

家用电器与人们的生活密切相关，家用电器的使用是每个家庭成员都必须掌握的，因此正确使用家用电器就显得异常重要。从家庭安全的角度，使用电器时应注意以下几点：

1. 使用配备安全三脚插头的电器（不经插座供电的电器设备除外）。一般家庭在正常情况下不宜使用电炉，如要用电炉应有专用线路。家用照明电路不可接用电炉，因为这样电炉电热丝容易和受热器接触而直接或间接造成触电事故。

2. 确保电器四周有足够的散热空间，以免电器因过热而损坏或发生火警。避免让电器软电线接触高温物体（例如：煮食炉、电暖器）。不要在操作中的电器附近使用易燃化学物品。

3. 使用新电器时，应详细阅读电器说明书，留心其注意事项和维护保养要求。检查电器（包括插头和软电线）有否损坏。遵守说明书所载的操作程序及安全措施。电器故障应送厂商由专业人员修理。

4. 接驳电源后再开动电器，以免插头处出现火花，造成危险。如使用电视机、收音机、电冰箱、电风扇、电熨斗等电器用具时，应先插上插头接通电源，然后打开电器用具上的开关；不用时，则应先关好电器用具上的开关然后才拔出电源插头。

5. 对于空调器、微波炉、电热水器和烘烤箱等家用电器一般不要频繁开关机，使用完毕后不仅要将其本身开关关闭，同时还应将电源插头拔下。使用电炒锅时，应用木柄或塑料柄锅铲；使用电熨斗时，不得与功率较大的电器同时使用一个插座，以防线路超载引起火灾；使用电吹风、电热梳等电器时，用后立即拔掉电源插头，以免遗忘而引起事故；使用电热毯、电热鞋等接触人体的电器时，应先通电试验检查，确无漏电才能接触人体；除电热毯外，不能把带电的电器引上床，也不能靠近睡眠状态中的人体；使用电热毯时，不能整夜通电，发热后即应断电，以保安全。

6. 不要在同一个插座上同时使用多种耗电量大的电器用具，以防电线过热起火。

7. 避免在浴室内使用可移动的电器（例如：电吹风、电暖炉等）。不要让水渗入电器设备、灯具、开关、插座内部，以免发生危险。

8. 身体沾了水，应避免触碰任何电器、插座或开关。不要用沾了水的布清理电器设备（如灯具、插座、开关等），会造成短路、漏电等危险。

9. 无论因何原因停电，都应该将所有电器关掉，避免在电力供应恢复时，所用电器同时启动。

如何预防家用电器火灾？

1. 预防微波炉火灾。（1）加热液体时忌用封闭容器，以防容器内压力过高，引起爆破事故。（2）忌油炸食品，以防高温油发生飞溅导致火灾。（3）带壳的鸡蛋、带密封包装的食品不能直接烹调，以免爆炸。（4）炉内应经常保持清洁。在断开电源后，使用湿布与中性洗涤剂擦拭，不要冲洗，勿让水流入炉内电器中。

2. 预防空调器火灾。（1）空调器开机前，应查看有无螺丝松动、风扇移位及其他异物，及时排除防止意外。（2）使用空调器时，应严格按照空调器使用要求操作。（3）空调器周围不得堆放易燃物品，窗帘不能搭在窗式空调器上。（4）人离去时，应拉闸断电。

3. 预防电风扇火灾。（1）应间隔使用，连续工作时间不宜过长。停止使用时必须拔掉电源插头。（2）不得让水或金属物进入电扇内部，以防引起短路打火。（3）出现异常响声、冒烟、有焦味、外壳带电麻手等现象时，应迅速采取断电措施。（4）清除外壳污垢时要切断电源。

4. 预防电视机火灾。（1）电视机要放在干燥、通风良好的地方，以利散热。（2）连续收看时间不宜过长，一般连续收看 4~5 小时后应关机一段时间，高温季节尤其不宜长时间收看。（3）看完电视后，要切断电源。（4）电视机若长期不用，要每隔一段时间使用几小时。电视机在使用过程中，要防止液体进入电视机。（5）室外天线或共用天线要有防雷设施，雷雨天尽量不用室外天线。（6）电视机冒烟或发出焦味，要立即关机，拔下电源插头，切断电源。

5. 预防电冰箱火灾。（1）电冰箱内部不要存放化学危险品；如果必须存放，则要注意容器要绝对密封，严防其泄漏。（2）保证电冰箱后部干燥通风，不要在电冰箱后面塞放可燃物。（3）电冰箱的电源线不要与压缩机、冷凝器接触。（4）电冰箱断电后，至少要过5分钟才可重新启动。

6. 预防洗衣机火灾。（1）洗衣机应放在比较干燥、通风的地方。使用洗衣机前要接好电线，预防漏电触电。（2）严禁把汽油等易燃液体擦过的衣服立即放入洗衣机内洗涤。更不能为除去油污给洗衣机内倒汽油。（3）经常检查电源引线的绝缘层是否完好，如果已经磨破、老化或有裂纹，要及时更换。经常检查洗衣机是否漏水，发现漏水应停止使用，尽快修理。（4）接通电源后，如果电机不转，应立即断电，排除故障后再用。如果定时器、选择开关接触不良，应停止使用。

7. 预防电褥子火灾。（1）看清使用的电压与家庭电源的电压是否一样。（2）不要弄湿电褥子，否则容易造成漏电。（3）避免折断电热丝，防止造成短路。（4）通电时间不能过长。（5）电褥子使用完后要拔掉电源插头。

8. 预防电熨斗火灾。（1）按说明书要求安装、连接，电源电压要符合要求。（2）电熨斗通电后人员不得离开。（3）电熨斗未完全冷却不能急于收藏。即使停电亦必须切断所有电源（因一旦来电即可能造成火灾）。（4）搁放电熨斗的垫板不但要有相当的厚度（用不燃材料），而且应远离所有的可燃物。

家用电器或线路着火应该怎样扑救？

1. 立即关机，拔下电源插头或拉下总闸。

2. 如果是导线绝缘体和电器外壳等可燃材料着火时，可用湿棉被等覆盖物封闭窒息灭火。电视机起火，灭火时注意从侧面靠近电视机，以防显像管爆炸伤人。

3. 不可直接泼水灭火，以防触电或电器爆炸伤人。

4. 家用电器发生火灾后未经修理不得接通电源使用，以免触电、发生火灾事故。

5. 在没有切断电源的情况下，千万不能用水或泡沫灭火剂扑灭电器火灾，否则，扑救人员随时都有触电的危险。

怎样安全使用燃气灶具?

1. 使用燃气时，要保持室内空气流通。

2. 燃气使用时应先打火后开气。带自动点火功能的燃气灶应确认火焰燃烧正常。

3. 应该有人照看，随时注意燃烧情况，调节火焰。烹饪时，注意不要离开厨房，以免汤水流出熄灭炉火，造成燃气泄漏。

4. 在燃气使用过程中若有异味或有燃气气味，应仔细检查，及时报修。用肥皂水检查燃气是否泄漏，不得用明火。

5. 如遇燃气突然中断，应将所有开关（包括燃具开关）关闭。

6. 在停止使用燃气或临睡前，应检查燃气灶开关和铜旋塞是否关闭，将燃气表前的总阀门关闭更为安全。

7. 经常检查连接铜旋塞和灶具的橡胶管是否产生裂缝或气孔，发现问题及时更换。

8. 燃气表、灶严禁安装在卧室内。

9. 不得在管道上悬挂重物。

10. 出现泄漏，立即开窗通风，并离开现场，拨打燃气公司电话或119电话报警。

如何检查燃气具是否漏气？

当在厨房或房间内闻到臭鸡蛋味或类似汽油味时，应意识到可能是燃气泄漏，此时应提高警惕，千万不能点火，迅速打开窗户通风，接着用正确的方法检查燃气系统，找到漏气所在。一般来讲，开关旋塞、燃气表、灶具与燃气管道的接头处、旋塞阀与喷嘴的连接处、橡胶管以及管道都有可能漏气。这些部位应逐一涂抹肥皂水检查，发现肥皂水连续起泡即为漏气点。切勿用明火检验。

有哪些应急措施应对燃气泄漏?

1. 当确定是自己家燃气有轻微泄漏时，应立即开窗开门，形成通风对流，降低泄漏出的可燃气浓度，同时关闭各截门和阀门。动作应轻缓，避免金属猛烈摩擦产生火花，引起爆炸。

2. 在开窗通风的同时，要保持泄漏区域内电器设备的原有状态，避免开关电灯、排风扇、抽油烟机等，以防引起爆炸，也不能接打电话（不论是座机还是手机）等，以免产生电火花和电弧，引燃和引爆可燃气体。

3. 燃气泄漏时，不要在室内停留，以防窒息、中毒。

4. 液化气罐着火时，应迅速用浸湿的毛巾、被褥、衣物扑压，并立即关闭液化气罐阀门。

5. 若经检查发现不是因燃器用具的开关未关闭或软管破损等明显原因造成的可燃气体泄漏，就要立即通知物业部门进行检修。

6. 如果是刚回家就闻到非常浓的可燃气异味，要迅速大声喊叫，用最快方式通知周围邻居“有可燃气泄漏了”，好让大家注意熄灭明火，避免开关电器。同时，要离开泄漏区，在可燃气浓度较低的地方迅速打电话给119，并说明是哪种可燃气泄漏。

使用热水器应注意些什么?

现在家庭中使用的热水器主要为燃气热水器和电热水器两类。不同的发热方式决定了不同的安全使用方式：

1. 燃气热水器：通风为第一要务，应防止通风不畅。热水器应安装浴室外，通风良好的空间，同时应安装排气管道，并保持管道畅通，不能在排气管道上挂物品；使用前要确定窗户打开，排气扇开启，以保持通风状态良好。使用时间不宜过长，特别是家庭使用的时候，应该错开时间，让燃气热水器降温和尾气排放到室外。第二要防止燃气泄漏。定期检查各燃气接头、输气管道、胶管是否漏气，有问题及时报修；每次使用后应关闭阀门，并经常检查。注

意燃气热水器使用的时候，外壳的温度会随之上升，使用的时候注意不要触碰调节手臂以外的地方，避免烫伤，如果发现有异常气味，应该立即停止使用热水器，关闭气阀，打开门窗通风换气，千万不能点火或者使用电器，并且联系专业的单位上门维修查看，切勿自行检查维修。第三要定期检查地线是否完好，以防漏电。第四要经常保养，由于燃气热水器的发热比较厉害，容易产生污垢，平时要经常注意保养维护，同时需要检查各处接口是否紧密，以及各种配件是否出现老化的现象。在北方寒冷地区使用燃气热水器，使用后应该将热水器里面的积水排干，以免热水器当中的积水结冰冻坏热水器。

2. 电热水器：第一要防止干烧。严防在进水口和出水口同时安装阀门；一定要注满冷水再通电加热，打开热水阀有水流出，才可通电。当打开水阀而没有出水时，不要通电，防止因故障使电热水器在无流动水的情况下工作而损坏。第二要防止漏电。在接通电源前要检查电源插座是否完好，接地线是否良好，在接通电源后要进行漏电自检。沐浴时，注意水不要溅到插座的位置。第三要安全使用热水器，以防受伤。热水器的水温不宜调得太高，以免烫伤。使用时为防止烫伤，可先开冷水阀，再开热水阀，关闭时先关热水阀，再关冷水阀；在有冰冻期的地区使用电热水器，要保证热水器中的水有一定温度，不会结冰，否则会损坏电热水器；使用贮水式电热水器要求自来水处于常开状态，保证水箱经常有水。

厨房着火如何处理?

炒菜油锅着火时，应迅速盖上锅盖灭火。如没有锅盖，可将切好的蔬菜倒入锅内灭火。切忌用水浇，以防燃着的油溅出来，引燃厨房中的其他可燃物；酒精火锅加添酒精时突然起火，千万不能用嘴吹，可用茶杯盖中小菜碟盖在酒精罐上灭火；液化气罐着火，除可用浸湿的被褥、衣物等捂压外，还可将干粉或苏打粉用力撒向火焰根部，在火熄灭的同时关闭阀门。逃生时，应用湿毛巾捂住口鼻，背向烟火方向迅速离开。

逃生通道被切断、短时间内无人救援时，应关紧迎火门窗，用湿毛巾、湿布堵塞门缝，用水淋透房门，防止烟火侵入。

如何安全使用空气净化器？

空气净化器尽量不要靠墙壁或者家具摆放，最好在房屋中间，或者在使用时离开墙壁 1 米以上的距离。一般的空气净化器不要放在离人体太近的地方，因为净化器周围的有害气体比较多。如果是净化吸烟烟雾的净化器可以离吸烟人距离近一些。

要根据环境污染情况启动空气净化器清洁空气。及时做好净化器的清洁和保养，在使用过程中注意观察空气净化器的净化效果，如果发现净化效果明显下降或者开启空气净化器以后发现有异味，要及时更换过滤材料和清洗过滤器。

注意使用安全。静电吸附式空气净化器在使用时，应避免儿童直接接触，因其电压很高，以防触电。活性炭滤芯和高效过滤器要注意在使用中远离火源，避免吸烟人的烟头不慎吸入，防止发生火灾。

如果选择具有加湿功能的净化器，或者是采用湿法净化技术的空气净化器，应注意在夏季梅雨季节、桑拿天或者湿度大的场所不能使用，否则会大大降低空气净化器的净化效果。

家庭如何防盗?

1. 邻里和睦：天时不如地利，地利不如人和，邻里和睦，相互关照，小偷自然无机可乘。

2. 不轻易透露行踪：不要轻易对他人透露自己的行踪，长时间外出时应请亲朋好友代为守家，晚上临时外出时可将室内的灯打开，使小偷不敢轻易光顾。

3. 注意门窗等出入口安全：出门时关好窗户、锁好门，

防盗门一定要将门反锁，靠近室外水（天燃气）管道的窗户、阳台做好防护。

4. 不要在家中存放现金和贵重物品：大量现金应存放在银行，并将存折与身份证、户口簿分开存放；金银首饰等贵重物品随身携带，有条件的，可购买（租用）保险柜用于保管贵重物品及有价证券。电视机、录像机、照相机、电脑等高档商品应将明显标志及出厂号码等详细登记备查。

5. 注意妥善保管钥匙：新房装修完毕或发现钥匙丢失时，立即换门锁，钥匙要随身携带，不要乱扔乱放，丢失钥匙要及时更换门锁。

6. 学龄前儿童不能带钥匙，更不能将钥匙挂在脖子上，家庭成员特别是青少年不可随便将生人带到家中。

7. 雇佣保姆要找较可靠的人，要查验其身份证，并到派出所申报暂住户口。对保姆要进行安全教育，主人不在家时不要让陌生人入室。保姆离开工资交结清，门锁钥匙要收回，最好换新门锁。

8. 对有条件的家庭加装智能电子警报系统，有警情时及时报警，通知相关人员或公安机关。

9. 发现家中被盗不要慌张：发现家中被盗时，不要急于清理物品，应立即报警并保护好现场，若现场抓住小偷，千万不要被小偷的花言巧语蒙骗，或抱定自己反正没有财物损失，多一事不如少一事的心理而将小偷放走，而应立即报警，将小偷交给警察处理，因为小偷一般都是惯犯，通过警察的调查工作往往能破获其他的案件。

乘坐电梯时电梯发生故障怎么办?

1.电梯速度不正常，应两腿微微弯曲，上身向前倾斜，以应对可能受到的冲击。

2.被困电梯内，应保持镇静，立即用电梯内的警铃、对讲机或电话与管理人员联系，等待外部救援。如果报警无效，可以大声呼叫或间歇性地拍打电梯门。

3.电梯停运时，不要轻易扒门爬出，以防电梯突然开动。

4.运行中的电梯进水时，应将电梯开到顶层，并通知维修人员。

5.如果乘梯途中发生火灾，应将电梯在就近楼层停梯，并迅速利用楼梯逃生。

二、饮食安全

食物中毒是怎么回事？为什么老年人容易食物中毒？

食物中毒通常指因进食含有毒素的食物所致，感觉肠胃不适，出现腹痛、恶心、呕吐、腹泻等症状的中毒类疾病。可分为细菌性食物中毒、真菌性食物中毒、动物性食物中毒、植物性食物中毒、化学性食物中毒。

老年人由于自身免疫和消化系统功能减退，而且老年人胃黏膜常患慢性炎症，胃酸分泌降低。胃酸是阻止细菌进入小肠的重要屏障，胃酸缺乏，食物中的病菌就有了大举进犯的可乘

之机。同时老年人肠道蠕动缓慢，细菌有足够的时间繁殖，产生毒素。另外老年人常常患有慢性疾病，或者常在服药，这些因素都可能使老人失去食欲，导致营养不良，也造成免疫功能低下，加之很多老年人生活节俭，过期食物，甚至腐败食物不舍得扔弃，处理后仍然食用，就特别容易发生食物中毒。所以相同条件下，老年人容易发生食物中毒。

食物中毒有哪些症状?

食物中毒既有个人中毒，也有群体中毒。食物中毒后的早期症状往往是首先会感觉到腹胀，继而腹痛、恶心，个别的还会发生呕吐、急性腹泻、发烧和疲劳等症状。病情严重或感染痢疾时，大便常会带有脓血。这些症状可能在进食不清洁的食品后半个小时，或几天后发生。一般持续一到两天，但是也可以延续到一个星期或十天左右。食物中毒对老年人健康危害极大，甚至威胁到生命。

发生食物中毒，如何处理？

一旦出现上吐、下泻、腹痛等疑似食物中毒症状，首先应立即停止食用可疑食物，同时，立即拨打120呼救。在急救车来之前，可以采取以下自救措施：

催吐：首先要了解一下吃的东西、吃的时间，若在1～2小时内，可以采用催吐的方法：用手指刺激舌根部催吐，也可用筷子或动物羽毛探喉促吐，或者多喝一些较浓的盐开水（比例是20克盐兑200毫升开水），还可取鲜生姜50克捣汁加温开水冲服，有护胃解毒的作用。若是吃了变质的荤腥食物，可取十滴水催吐。经大量温水催吐后，呕吐物已为较澄清液体时，可适量饮用牛奶以保护胃黏膜。如在呕吐物中发现血性液体，则提示可能出现了消化道或咽部出血，应暂时停止催吐。

导泻：如果病人吃下中毒食物的时间较长（超过两小时），而且精神较好，可采取服用泻药的方式，促使有毒食物排出体外。可用大黄30克一次煎后服用或番泻叶10克泡茶饮服，

均有通下解毒作用。若为老年人可用元明粉20克开水冲服以缓泻排毒。

解毒：如果是吃了变质的鱼、虾、蟹引起的食物中毒，可以取食醋100毫升加开水200毫升稀释后一次服下。此外，还可用紫苏30克、绿豆15克、生甘草10克一次煎服，还可用金银花30克与马齿苋煎服。若是误食了变质的饮料或防腐剂，最好的急救方法是用鲜牛奶或其他含蛋白质较多的饮料灌服。

同时，要保留食物样本：由于确定中毒物质对治疗来说至关重要，因此，在发生食物中毒后，要保留导致中毒的食物样本，以提供给医院进行检测。如果身边没有食物样本，也可保留患者的呕吐物或排泄物，以方便医生确诊和救治。

在紧急处理后，患者应该马上进入医院进行治疗。

哪些食物易中毒？如何应对？

鲜木耳：鲜木耳与市场上销售的干木耳不同，含有一种光感物质，人食用后会随血液循环分布到人体表皮细胞中，受太阳照射后，会引发日光性皮炎。这种有毒光感物质还易于被咽喉黏膜吸收，导致咽喉水肿，还能导致呼吸困难。

应对方法：将新鲜木耳晒干后经水浸泡后再食用。暴晒过程会分解大部分光感物质。市面上销售的干木耳，也需经水浸泡，使可能残余的毒素溶于水中。

鲜海蜇：海蜇所含有的四氨络物、5-羟色胺及多肽类物质等有较强的组胺反应，会引起“海蜇中毒”，出现腹泻、呕吐等症状。

应对方法：用食盐加明矾盐渍3次（俗称三矾），使鲜海蜇脱水，排尽毒素再食用。凉拌海蜇时，应放在淡水里浸泡两天，食用前加工好，再用醋浸泡5分钟以上食用。

鲜黄花菜：它含有毒成分“秋水仙碱”，进入人体后，会引起嗓子发干、口渴，胃有烧灼感、恶心、呕吐、腹痛、腹泻，甚至体温改变、四肢麻木等症状。

应对方法：干制黄花菜无毒，建议将新鲜黄花菜蒸熟后晒干，若需要食用，取一部分加水泡开，再进一步烹调。若想尝鲜，可将其条柄去除，开水焯过，后用清水浸泡、冲洗后再炒制食用。

变质蔬菜：蔬菜，特别是绿叶蔬菜储存一天后，其含有的硝酸盐成分会逐渐增加。人吃了不新鲜的蔬菜，肠道会将硝酸盐还原成亚硝酸盐。亚硝酸盐会使血液丧失携氧能力，导致头晕头痛、恶心腹胀、肢端青紫等，严重时还可能发生抽搐、四肢强直或屈曲，进而昏迷。

应对方法：蔬菜当天买当天吃完最好。

变质生姜：变质生姜含毒性很强的物质“黄樟素”，一旦被人体吸收，即使量很少，也可能引起肝中毒。

应对方法：注意保存，变质后不食用。

霉变甘蔗：霉变的甘蔗肉质变成浅黄或暗红、灰黑色，有时还发现霉斑。其产生的霉菌毒素可引起中枢神经系统受损，轻者头痛、头晕、恶心、呕吐、腹痛、腹泻，严重者可能抽搐、昏迷。

应对方法：发现甘蔗有霉变，宁可扔弃，一定不要食用。

长斑红薯：长有黑褐色斑块的红薯受到黑斑病菌污染，此种病菌有剧毒，对人体肝脏影响很大。

应对方法：对有黑斑病的红薯，坚决扔掉。因为黑斑病菌无法用煮、蒸或烤的方法将之破坏。

生四季豆：生的四季豆中含皂甙和血球凝集素，由于皂甙对人体消化道具有强烈的刺激性，可引起出血性炎症，并对红细胞有溶解作用。如果烹调时加热不彻底，食用后会引起中毒。出现恶心、呕吐、腹痛、腹泻等胃肠炎症状，同时伴有头痛、头晕、出冷汗等神经系统症状。

应对方法：食用四季豆时，一定要煮熟焖透。炒制时，用油炒过后，加适量的水，加上锅盖焖10分钟左右，并用铲子不断地翻动四季豆，使其受热均匀。使四季豆外观失去原有的生绿色，吃起来没有豆腥味，就不会中毒。

青番茄：青番茄含有与发芽土豆相同的有毒物质——龙葵碱。人体吸收后会造成头晕恶心、流涎呕吐等症状，严重者发生抽搐，对生命威胁很大。

应对方法：购买番茄时要注意选熟番茄。首先，外观要彻底红透，不带青斑。其次，熟番茄酸味正常，无涩味。最后，熟番茄蒂部自然脱落，外形平展。

马铃薯：马铃薯也含有龙葵碱 ，但一般不会使人中毒。当马铃薯发芽、皮肉变绿发紫时，其所含龙葵素就显著增高，人吃进了 200 毫克龙葵素就会中毒，出现头晕、恶心、呕吐、腹泻、嗓子发干等症状。

应对方法：食用前将芽部切去，洗切后在水中浸泡半小时以上，并换水 2 次，炒煮时加点食醋。

空心菜：食后一般不会中毒，但菜农往往在种植时喷洒农药灭虫。若安全间隔期不到就采摘上市，食后就会中毒。

应对方法：食用时应采用“一洗二浸三烫四炒”的方法，去除大部分残留农药。

鲜蚕豆：有的人吃蚕豆后会得溶血性黄疸、贫血，称为蚕豆病（又称胡豆黄）。

应对方法：蚕豆病与遗传有关，以 9 岁内儿童多见。所以 9 岁以下儿童要慎食新鲜蚕豆，以免发生中毒事件。

生豆浆：未煮熟的豆浆含有皂素等物质，不仅难以消化，还会诱发恶心、呕吐、腹泻等症状。

应对方法：一定将豆浆彻底煮开再喝。家庭自制豆浆或煮黄豆时，应在 100℃的条件下，加热约 10 分钟，才能放心饮用。

海产品：海产品本身携带病菌比较多，当人们生吃或食用没有煮熟的海产品时，就会出现恶心、腹痛、呕吐、腹泻和发热等症状。

应对方法：不要生吃海产品，一定要煮熟再吃。

如何预防食物中毒?

1.到正规、信誉好的大型商场或超市选购食品。不要在马路摊贩或无证摊点处购买食品，确保食品原料的卫生安全。

2.在选购食品时，要看清厂名、厂址、生产日期、保质期等，不购买“三无”食品及临界或超过保质期的食品。

3.冷藏食品应保质、保鲜，熟肉制品宜低温保存，食用前最好经高温杀菌。动物食品食前应彻底加热煮透：腌腊罐头食品，食前应煮沸6~10分钟；肉类煮15分钟以上，蛋类煮沸8~10分钟。不要生食肉类、海（水）产品等食品。烹调时，鱼类、肉类应充分加热，采用油炸和加醋（或红果）烧煮等方法可以有效降低鱼类当中的不良产物——组胺。

4. 制作食品时，要做到生熟食品分开加工，生熟用具分开使用。剩饭应放置在阴凉、通风条件下不要超过4个小时。隔餐剩菜食前也应充分加热。

5. 锅、碗、盆、碟、筷、勺等用前要烫洗或煮沸消毒后再用。集体进餐要实行分菜制或用公筷。要定期清洗消毒碗柜、冰箱、冰柜、微波炉等与食具有关的容器。

6. 养成吃饭前后、大小便前后彻底洗净双手的习惯。进餐时不食用腐败变质、发霉有馊味或夹生食物、被蝇叮爬过的食品；不食用感官性状异常的食物；不食用发芽土豆和霉变红薯等变质食品；不食用鲜黄花菜；扁豆要烧熟煮透。禁止食用毒蕈、河豚等有毒动植物。

7. 外出聚餐时，应选择食品卫生条件好、信誉度高的A级或B级餐饮单位，不要到无证照摊贩处就餐。外出旅游时，不要在无证摊贩处或流动摊点购买食品；不要随便采食不认识的野果、蘑菇及野菜等。

从安全角度出发，老年人饮食应注意哪些问题？

在日常饮食中，老年朋友要注意以下几个问题：

1. 早餐不宜吃太早，且不宜全吃干食，应多吃些含水分多的食物如牛奶、豆浆等饮料，或吃一些容易消化的温热柔软食物，如面条、馄饨等。

随着老年人身体机能下降，会咽软骨有可能会出现盖不严密的现象，从而食物误入喉腔，引起噎食，严重的可造成窒息。

2. 不宜长期吃素，而应进食适量的肉类食物，补充优质蛋白质，摄取足量锰元素，延缓衰老。

3. 老年人应少喝鸡汤，每次最好不要超过200毫升，一周不要超过2次。高胆固醇、高血压、肾脏功能较差者、胃酸过多者、胆道疾病患者，更不能粗心大意。

4. 老年妇女不宜多饮咖啡，以降低出现骨质疏松和心脏病的风险。

5. 浓茶中含有大量的咖啡碱，会增加心脏负担，诱发和加重多种心脏疾患；还会导致血压迅速升高，兴奋神经，影响睡眠。广大老年朋友最好饮淡茶。

6. 铝元素在人体特别是在大脑皮层内沉积是阿尔茨海默病的发病原因，因此，老年人应尽量不使用铝或铝合金餐具，特别是不要用铝制餐具长时间存放腌制食品或咸、酸、碱性食物及菜肴，以减少铝元素的摄入量。

7. 人参蜂王浆内含有大量葡萄糖、果糖，可使血液黏稠度增高，造成微循环障碍，易促发形成脑血栓。尤其是患有高血压、高血脂以及冠心病者，均不适宜在睡前服用人参蜂王浆。

8. 晚餐不宜饮食过饱。长期饮食过饱，大量血液长时间集中在胃肠系统中造成脑缺血，不仅使人思维迟钝，而且会使人常常感到困倦，甚至加速脑动脉硬化，引起老年痴呆症，所以应尽量少吃多餐。

9. 老年人因衰老引起消化道功能减退，胃酸及各种消化酶的分泌逐步减少，大量进食冷饮，不仅会引起老年人胃肠道消化功能紊乱，还可能诱发更为严重的疾病。对于患有心血管病、胃病的老年人更是如此。

因此，老年人要根据自己的情况，夏季宜少量多次喝些淡盐水或含盐饮料，以防中暑。少吃冷食、冷饮。

10. 老年人抵抗能力低，消化腺分泌功能减弱，胃肠蠕动弱，如果进食了不新鲜的食物，很容易造成消化不良或肠道感染，严重时可造成脱水，甚至昏迷。

三、用药安全

老年人用药应注意哪些问题?

老年人多数体弱多病，服药机会多，进而由于服药对身体造成损害的机会也多。因为这些药物一方面可以帮助老年人战胜疾病，但同时也会对老年人的健康带来危害，因此安全有效是老年人合理用药的目标。为了减少药物的危害，降低药物的副作用，建议老年人在用药时应注意以下几点:

1. 小病尽量用食疗，不要盲目用药。一般来说，用药不能盲目，能不用时尽量避免用药。比如遇到伤风感冒这样的小病，最重要的是休息，同时可以通过食疗促进康复。如风寒感冒喝些生姜红糖水，头痛、关节痛等慢性疼痛可以先做理疗、按摩、针灸等，不要依赖止痛药。老年人还有许多不适是可以通过生活调理来消除的，甚至有许多疾病可以通过社会因素和心理因素的改善来治愈，而不必求助于药物。

2. 不能随意加大剂量。随着年龄的不断增长，老年人身体的各个器官，特别是各个脏器的组织结构及生理功能都出现了明显的衰退和减弱，对药物的敏感性相对提高，同样一种药物，同样的剂量，年轻人服用了以后，可能没有什么明显的不良发应，但用在老人身上，其产生的副作用及毒性则远远大于年轻人。尤其是会引起参与药物代谢、排泄的器官如肝、肾等器官功能的下降，因此药物的使用剂量应相应降低。《中国药典》规定，60岁以上的老年人，用药量应为成人用药量的3/4，不可自行增加药量。80岁以上老年人，只能用成人量的1/2。因此，老人们在服用药物时，要严格控制好服药的剂量。

3. 用药种类宜少。在同一时间内用药种类越多，发生副作用的机会就越多，产生一些不良反应的可能性也就越大。老年人由于慢性病、并发症多，联合用药机会增多，发生副作用的机会也会增多。特别是患慢性器质性疾病的老人用药种类应尽量少。据报道，用药6～10种者，不良反应的发生率为9%，而用药16种以上者，不良反应的发生率则上升至40%。

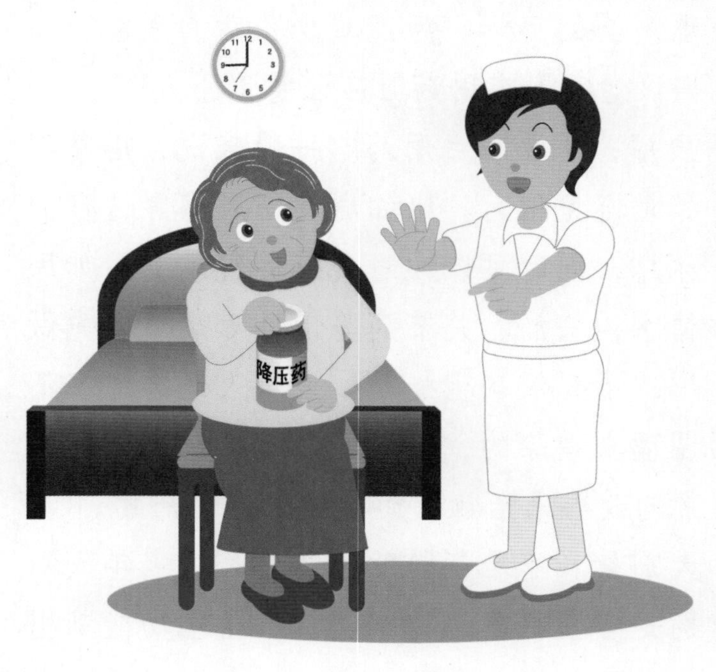

4. 科学地把握用药时间和给药次数。用药时

间的长短应由病情决定，通常应当按“衰其大半而止”的原则，尤其是对毒性较大的药物更是如此；给药次数是由药品在体内的作用时间决定的，按时用药关系到药品在体内血浓度的稳定；具体给药时间的确定主要考虑到药物的性质以及人体生物钟的变化规律。如抗高血压的药只需白天用药，而且上午用药的剂量相对较大。临睡前或夜间不必使用降压药。

5. 不要轻易使用抗生素。抗生素属于处方药物，要在医生的指导下合理使用。老年人长期广泛使用抗生素，非但导致不良反应，且可增加微生物的耐药性。加之老年人免疫功能低下，双重感染的机会增多。

6. 慢性病患者应坚持用药物控制病情。对于高血压、冠心病、高血脂、糖尿病等慢性病，坚持使用相应的药物对病情加以控制，患以上疾病的患者，原则上应当终生用药，切忌用用停停，以免发生危险或使疾病恶化。更换药品应在医生指导下进行。同时，要采取饮食及适当运动增强自身素质，改善肌体抗病能力。

7. 严守医疗原则。老年人服药常有易忘、不按时、有时漏服、下次一起补上等特点。有的老年人以为“药”可治病防病，多吃对身体有好处。这些观念是错误的，服药的目的要明确，剂量、疗程、减量、停药，要遵医嘱，禁止盲目服任何药物。可以买个药盒，提前把药分好，也可列个清单，或在日历上写好每天用的药，每次吃完打个“钩”，避免漏服或重复吃。

老年人用药十忌是什么?

老年人得病，长期、慢性是其特点之一，因此易出现“乱投医”现象。目前，在药店的顾客中，老年人已占据了相当大的比例。一般说来，老年人用药有如下十个禁忌:

一忌品种过多、任意滥用。尽管老年人患病时可并发多种病症，但应根据病情的轻重缓急合理用药。一般先服用急重病症的治疗药物，待病情基本控制后，再适当兼顾其他方面的药物。而且老年人记忆欠佳，易造成多服、误服或忘服，最好一次不超过3～4种。谨防出现服药一大把，样样病都一齐治的现象。以免发生不良反应或延误疾病治疗，一定要在医生或药师的正确指导下用药。

二忌用药过量与时间过长。老年人应防止一药多名、复方制剂、多种剂型导致重复用药过量。此外，老年人肾功能减退，对药物和代谢产物的滤过减少，故老人用药时间过长，会招致不良反应。

三忌生搬硬套与乱用秘方、偏方、验方。有的老年人自认为“久病成良医”，身体不适时不是及时去医院就医，而是靠自己或他人经验，相信那些未经验证的秘方、单方，自主用药，忽视了自己的体质及病症的差异，轻则延误病情，重则酿成药物中毒，添病加害。因此要慎重对待中草药组成验方、偏方或“祖传秘方”，在医生指导下正确使用。

四忌滥用补药。体弱的老年人可适当辨证用些补虚益气之品，但若为补而补，盲目滥用，却可变利为害。民间就有“药不对症，参茸亦毒”的说法。要在医生或药师指导下，辨证用补虚益气之品，不能乱补。

五忌不遵医嘱，随意改动疗程。有些老年人在服用了一段时间药物后，感觉症状见轻，便减小服药的剂量，或减少服药的次数，随意改变疗程和治疗的方案，这种做法是极不可取的。很多病都是因为在急性发作期没有正规的治疗，随意改变疗程，而最终转变为慢性，治疗起来极其困难。

六忌以价定药，朝秦暮楚。很多人认为“一分价钱一分货”，认为贵的就是好的，包括药物的使用在内，而不是根据自己的病情选择合适的。特别是一些老年人特别迷信广告，更加固执地认为价格昂贵的药物就是效果最好的药物。有些有慢性病的老年人不是在医生指导下用药，反而是“跟着感觉走”，今天见广告说这好，便用这药；明天见夸那药，又改用那药。用药品种不定，多药杂用，不但治不好病，反而容易引起毒副作用。

七忌擅自用非处方药（OTC）。非处方药（OTC）并非无副作用，只不过副作用较小，不要单凭主观经验或症状自行用药，应在药师指导下使用。如成分中含有扑尔敏的感冒药，前列腺肥大患者就不适用。含有盐酸伪麻黄碱的感冒药，会给高血压老人带来生命危险。

八忌滥用三大素。抗生素、激素、维生素三大素滥用会导致严重不良后果。如滥用抗生素不但会引起耐药，且会引起身体很多器官的损害，抗生素成了“抗身素”。滥用维生素，反而会出现机能紊乱，维生素变成了“危身素”。因为维生素分为水溶性和脂溶性两种，水溶性维生素服用后可以随着尿液排出体外，毒性较小，但大量服用仍可损伤人体器官。脂溶性维生素如维生素A、维生素D等摄入过多时，并不能通过尿液直接排出体外，容易在体内大量蓄积引起中毒。

九忌嗜药成瘾。有的老年人因食欲不佳，便经常服用助消化药；因睡不好觉，便依赖安眠药……这样长期用药，既会成瘾，又会给机体造成某些毒性损害。其实，很多人只要通过安排好生活，不需要服药即可入睡。如下午4点后不喝茶等兴奋性饮料；临睡前2小时不看令人激动的电影、电视或书报；睡前散步或做一些轻松的活动；用温水洗脚等都可以促进人的睡眠。

十忌长期服用泻药。老年人因为胃肠蠕动减慢，加上运动量小，则极易便秘。许多人选择了服用泻药，一时是可以解决问题的，但如果长期服用，则不但易导致结肠痉挛，还会发生维生素缺乏症和骨质疏松症等。因此，老人便秘，最好多食些含纤维素的食物，如粗粮、蔬菜、水果等以增加肠蠕动，养成每天定时排便的习惯，预防便秘。必要时可选用甘油栓或开塞露通便。

常用的补药有哪些?

现代医学中没有“补药”这个概念，补药概念源于祖国医学理论。严格地讲，“补药”有补药和补品之分。前者是说补气血阴阳，增强正气，治疗虚症的药品；后者是有一定药疗作用的营养保健食品。常用补药主要分为补气、养血、滋阴、助阳几类。

1.补气药：主要适用于脾肺气虚等病证。气虚一般表现为疲乏无力、易出虚汗（动辄尤甚）、胃口欠佳、大便溏泻、容易感冒，等等。常用的补气药主要有人参、西洋参、太子参、党参、黄芪、山药、白术、五味子、扁豆、大枣等；中成药

有补中益气丸、十全大补丸、人参归脾丸、参芪膏、陈半六君丸、人参养荣丸等；补气方有治疗脾肺气虚的四君子汤，补气健脾的参苓白术散，补脾升阳益气的补中益气汤，以及用于救急固脱的独参汤等。

2. 养血药：主要适用于血虚的病证。这类病证主要表现为面色苍白、口唇指甲色淡无华、头晕眼花、心慌失眠、梦寐不已、月经不调，等等。常用的养血药主要有当归、熟地、何首乌、阿胶、白芍、枸杞子、龙眼肉、桑葚子等；中成药有乌鸡白凤丸、八珍益母丸、补血丸、定坤丸、当归养血丸；养血方有补血调血的四物汤，健脾养心、益气补血的归脾汤，补气生血的当归补血汤，益气滋阴、补血复脉的炙甘草汤，温中补血、祛寒止痛的当归生姜羊肉汤等。

3. 滋阴药：主要适用于脏腑阴液不足的病证。如虚烦心悸，神疲少眠；干咳咯血，虚热烦渴；津少口渴，舌绛苔剥；两眼干涩昏花，眩晕；潮热口干，腰酸遗精等。常用的滋阴药主要有西洋参、北沙参、玉竹、麦冬、天冬、冬虫夏草、黄精、灵芝、石斛、女贞子、百合、柏子仁、旱莲草、龟板、鳖甲等；中成药有六味地黄丸、知柏地黄丸、大补阴丸、柏子仁丸等；滋阴方有滋养心阴、安神除烦的天王补心丹，养阴润肺的琼玉膏，甘寒生津、清养肺胃的沙参麦冬饮，滋阴柔肝的一贯煎，补益肾阴的左归饮等。

4. 助阳药：主要适用于心、脾、肾等脏器阳虚不足的病证。如脉微欲绝，面色淡白，冷汗淋漓；完谷不化，泄泻便溏，食欲不振；肢冷畏寒，阳痿遗精，腰膝酸软等。常用的助阳药主要有鹿茸、鹿角胶、狗鞭、海马、蛤蚧、紫河车、锁阳、淫羊藿、狗肾、杜仲、补骨脂、韭菜子、蛇床子、葫芦巴、阳起石、肉苁蓉等；中成药有金鹿丸、金匮肾气丸、多鞭精、鹿茸片等；助阳方有温通心阳的桂枝甘草汤，温中祛寒、补气健脾的理中丸，温补肾阳的肾气丸和右归饮等。

老年人服用补药有哪些讲究?

人届老年，精血日渐衰亏，适当进补，能起到扶正祛邪，强健身体，延年益寿的作用。但药物都有两重性，虚症根据病情适当进补有益，无病者不可随意滥用，否则进补不当，有害于身体。老年人进补应注意以下几点：

1. 要辨别病证虚实阴阳。所谓“补”，就是补病人之虚亏和不足。而中医上的“虚症”又有不同的临床表现，错综复杂，分成阴虚、阳虚、气虚、血虚、脾虚、肾虚等不同类型。有的人貌似体虚，其实“虚”中还夹杂着“实证”，而“虚中夹实”的病人是不能进补的。因此，进补前必须辨清阴阳虚实，遵照医嘱，有针对性地采用补阴、补阳、补气、补血、

补脾、补肾等不同方法，有的放矢地进行，万不可滥服。这样才能保证补而不偏，也不致出现“补而助火”的反作用。

2. 要掌握适当药量。补药入口以后，要经过脾胃的消化吸收，才能变成人体所需要的营养物质。老年人的脾胃功能也和其他脏器一样，日渐衰退，消化、吸收功能也下降。而运用补药补虚养身，有一个循序渐进、日久见功的过程，不宜急补、大补。过量的补品只会增加老年人肠、胃的负担，甚至发生其他病证，于健康无益。一般来说，对于大手术、大出血，使气血突然大伤，正气欲脱的病者，可急用人参30克煎汤补虚救治。若对慢性病，或急性病以后的调养期，就可使用药性平和、药力和缓的营养补剂，分多次少量饮服，一般以早晚空腹每服一匙为佳。

3. 要掌握补益的季节时机。进服补药一般多用于年老体虚，或老年慢性病患者经久不愈。对于年老体虚者，宜在冬季补益，因为中医有“冬三月者为封藏”之说，意思是冬天养精蓄锐，来年可少得疾病。患有老年慢性支气管炎、哮喘病，而且一到冬天病情加剧者，应该在夏天进服补药。即“冬病夏治”。因为夏季是支气管炎、哮喘病的缓解期，此时虚象突出，若能进补固本，可减轻冬季病证的发作。

4. 不滥用补药。老年人进补时，需明白补药也是药物，同时也有适应证、禁忌证，必须在医生指导下服用，不得滥服。俗话说："药补不如食补"，除必要时服用外，老年人不宜过分依赖补品。人之长寿，并非补药就可达到，而是与许多因素有关，包括精神、营养、遗传、生活环境等诸多因素。因此，老年人不宜随意进补。

四、出行安全

老年人日常外出应注意些什么？

1. 了解不同天气状况，恶劣天气尽量不外出，必须外出时要注意：（1）雪天出行：穿防滑的平底鞋，不要提重物，双手不要放兜内，以防滑倒；远离机动车道，防止车辆打滑受波及；摔跤时以手或肘撑地，以减轻后背、后脑勺撞向地面的冲击力。（2）雾霾天出行：戴防霾口罩；尽量别骑车，减少汽车尾气吸入。（3）沙尘暴天气：戴口罩或纱巾；尽量不骑车；远离广告牌、建筑围挡等。（4）酷热天气：外出避开10~16点这一时间段；使用遮阳伞、太阳帽、太阳镜、防晒霜等防晒用品；着棉、麻、丝质衣物；及时补充水分；减少活动量。

2. 老年人外出常备：联系卡、常用药物、拐杖、手机、零钱。

3. 老年人日常出行时注意：最好有人陪同，单独出行时要穿颜色鲜亮醒目点的服装；不要在机动车道上行走或骑车；横过道路时要先看清来往车辆，确认无危险后从人行横道上通过；穿越马路时不要在道路中间逗留；不要跨越交通安全设施，不要在车辆临近时突然横穿公路；乘坐机动车或非机动车做好安全保护措施，以防不测。

老年人应怎样安全骑电动车出行?

老年人身体原因，行动较慢，外出时应优先考虑乘坐公交车、出租车等交通工具，避免或减少驾驶非机动车外出，并尽量避开每天6:00至8:00，18:00至20:00早晚高峰时段。

如果自感身体健康，即使有多年骑自行车的习惯，因电动车速度快，也要注意：

1.骑电动车注意交通规则。骑车不可以骑在机动车道，不抢红灯，不逆向行驶，不可以横穿马路，不可以和别人竞速飙车。

2.骑车时必须保持精神饱满。不可喝酒骑车，不可以疲劳驾驶。

3.骑车时精力集中。骑车过程中不可东张西望，目不看路；不可以打电话，接听电话需先停下，在路右边接打电话。

4.骑电动车时不可带太多的人，以免重心不稳。

5.无论遇到什么样的事情有多么的着急都不要骑得太快，买电动车时最高时速不要很快的。

6.在十字路口或者分叉的地方必须慢速行驶，看看其余道路是否有车或者人穿出。

7. 当对面车用强光照射时，必须停下或者慢速行驶，否则什么都看不见容易出事故。

8. 在人多的地方，孩子放学的时候必须要慢速行驶。

9. 骑电动车，当电动车停车时不可以不拔钥匙，否则孩子等很容易触动发生事故。电动车歪倒时，必须先拔出钥匙，否则容易出事故。

10. 下雨天必须慢速行驶，不骑水多的地方。 在下雾的天气，必须开前后指示灯，必须慢行。路面结冰的时候必须走没有冰的地方或者少冰的地方，从大车走过的地方，不可快速行驶。

11. 骑车不可以骑石子、沙子多的地方，绕开障碍物。骑车的道路一定要尽量的好，无坑坑洼洼、泥泞不堪、石头等，无法慢速时，走自己尽量熟悉的道路。

12. 不可以在麦子等谷物上骑车行驶，容易滑倒。

老年人如何安全乘公交?

1. 出门前：了解天气状况，尽量不要在特殊天气出行；慢性病患者自备一些常用的急救药品；将零钱或有效证件放置在贴身衣物的外侧，或将老年证直接挂在胸前；将家庭联系方式或亲友电话放于钱包或容易找到的地方；错开乘车高峰期出行，高峰期乘客相对较多，此时，老年人容易被挤伤。

2. 候车时：看清站牌，以确认所乘车辆路线正确，以防

坐错车；候车时，可做一些热身运动，例如活动手腕、脚腕、扭扭腰，使肌肉与关节活动开；应尽可能避开高峰时段，必须出行时，也请避开“热线”，选择步行一两站地，既能免除“挤车”之苦，又可以活动身体；看到车辆进站千万不要追赶公交车，以免摔倒；没赶上车也最好不要追赶车辆，以防跌倒，可选择等候下一辆车；可选择乘坐相反方向的同线路车至终点站乘坐。

3. 上车时：不要夹在簇拥人群的前方拥挤，以免被推倒或挤伤；抓牢门前的扶手，身体重心前移，看清脚下台阶；上车时一定要从上车门上，下车门下，否则容易被下车的乘客带下车而摔倒。

4. 上车后：老年人最好在车厢前部就座，后排座位位置高，颠簸感更明显；如站立时，最好面向车头方向或车窗两侧，抓牢扶手；上车后请尽快入座，如没有找到座位，请及时告知驾驶员寻求帮助；坐双层车时，尽量不要上楼。

5. 到站时：准备下车时，老年人在车靠站停稳后再离开座位，可大声告知驾驶员等候一下，确保安全；对站名或目的地不清楚时，可向驾驶员寻求帮助给予提醒，以免坐过站。

6. 下车时：抓牢扶手，看清脚下的台阶，先不要急于下车，一定要看清车旁是否有过往的车辆，保护好自身安全；有脑血管病的老人最好不要长时间乘坐公交车，特别是空调车，由于长时间在相对密闭的车厢内，容易出现头昏脑胀的情况，起身下车时容易跌倒。

老年人驾车出行应注意什么？

随着我国步入老龄化社会，老年驾驶人群体越来越庞大，老年人驾车出行已不是新鲜事。但是，随着年龄增大，老年人大脑皮层表面积和脑供血量逐渐减少，导致神经调节能力变差，对外界刺激的反应延长、动作迟缓；老年人视神经调节能力减弱，导致视力下降；骨质疏松、骨骼脆性增高，受创后易骨折且难愈合；全身肌肉萎缩，感觉器官功能下降，极易疲劳……因此老年人驾车比年轻人驾车有更多值得注意的地方：

1. 常年备药：老年人身体机能较差，因此一定要在

车上携带常服用的药品，一旦发生状况要及时吃药。

2. 出行前关注天气：气候变化无常，外出的中老年司机朋友，出车前要对天气情况详细了解。遇有天气不好，宁肯不驾驶车辆出行。

3. 出行前检查车辆，确保车况良好，后视镜、挡风玻璃清晰干净，不开“病车”上路。

4. 驾车速度不宜过快，严禁疲劳驾驶：连续驾驶时间不宜超过2小时。驾驶疲劳是大忌，切不可在驾车中逞能，要量力而行。建议大家在驾驶一段时间后就活动筋骨，调节放松一下。

5. 结伴而行：中老年人在驾车时最好结伴而行，让亲人或朋友坐在一旁是一种保护，尤其是在长时间行驶中可以互相照顾。

6. 尽量不开夜车：夜间能见度很低，眼睛容易疲劳，老年人应尽量不在夜间单独驾车，必须驾车时最好有其他人陪护。

老年人出游前有哪些注意事项?

随着人们生活水平的提高，老年人生活观念的更新，许多老年人退休后选择了旅游，去游览祖国的大好河山，甚至出国去了解世界。“夕阳红”之旅逐渐成为一道引人注目的风景。但由于老年人身体生理性的变化，特别是体弱多病者，为了旅途中的安全，应注意以下几点：

1. 出游时机的选择，要尽量避开节假日旅游高峰期。实践证明，节假期间，外出旅游，人多拥挤，老年人此时出游行动不便，加之住宿紧张和生活的安排，都不如平时好，所以老年人出游最好避开高峰期。

2. 出游线路的选择，不仅要考虑自己感兴趣、没去过的新鲜地方，还要充分考虑目的地的气候、地理条件、舒适度等要素。比如像西藏、青海等对身体条件要求比较高的高海拔地区旅游，老人家还是要量力而行。

3. 旅行团的选择，尽量选择老年团。这类团队是根据老年人的实际状况度身定做的，适合 50 岁以上的老年人参加，一般行程设计比较轻松，体力消耗不大，有的会配备专业医护人员随行。

4. 出游交通方式的选择，要充分考虑自身身体情况。飞机可以节省在交通上的时间，减少旅途的疲惫，不过如果患较严重的呼吸器官疾病、严重胃病等，最好慎重考虑采用搭乘飞机的方式；火车时间相对宽松，安全性较高，对于那些喜欢在路上看风景、旅游预算又有限的老年人来说是最佳选择。

5. 出行前做一次全面体检，体检合格征得医生同意，才能出门旅游。有慢性病的老年人出门要备好应急药物，不可中断原有疾病的治疗，如果随团有医护人员的话，最好将自己的身体状况向医护人员做个报备。即使是平日里身体状况较好的老年人，也建议不妨在出门前进行一次常规体检。

老年人在外旅游时应注意些什么？

1. 老年人外出旅游宜简不宜繁，但必备物品一定带齐，以防发生不测。如春夏旅游旺季，气候多变，要带足衣服和避雨用具，以防风寒，引起感冒。还要准备一些常用药品，如防治感冒、腹泻、头痛、晕车、蚊虫叮咬等必备药，同时也不要忘记带好自己日常吃的药品，这样万一在外旅游出现身体不适，能够自我治疗，赢得救援时间，保障生命安全。还要随身携带家人的联系方式卡，以备急用。

2. 乘车时，要注意防晕。休息不好、饮食不当等都会诱发晕车、晕船，可在开车前 30 分钟吃些防晕药，在开车时可闭目养神，精神放松，头靠座背保持不动来防晕。长时间乘坐车船尽量穿着宽松服装，避免长时间处于坐位姿势。

3. 行走时要小心。要时刻提防，除要穿防滑、轻便、柔软有弹性的鞋外，尽可能拄一手杖，以增强身体的支撑能力。

在旅游过程中要注意做好脚的保健，每晚睡前用热水泡脚，睡时将小腿和脚稍垫高，以防下肢水肿，并可自我按摩双腿肌肉和脚心，这样能在旅游中无论行走还是爬山都会感到格外轻快。

4. 住处安静，保障睡眠。行程不要太紧，要留有充分的时间休息、睡眠，而且要避免夜间乘车。活动量不宜过大，游览时，行步宜缓，循序渐进，攀山登高要量力而行。若出现头晕、头痛或心跳异常时，应就地休息或就医。住宿条件不求豪华，但要舒适安静，不要图省钱住潮湿、阴暗、拥挤的房间，以免影响睡眠，体力不支，或诱发疾病。与人同住一个房间，相互之间可有个照应。

5. 个人保健要做好。旅游时体力消耗较大，要带足食品，要选易带、营养丰富、新鲜卫生的清淡食品，并多吃水果，防止便秘。旅游时免不了在外面用餐，注意不要吃生冷食品和不清洁的食品，注意个人卫生和饮食卫生。

6. 在外旅游过程中，不要单独行动，要结伴而行，相互照应。尽可能不到景区的危险地段浏览，不宜参加爬山、登高、划船、游泳、漂流等剧烈运动的旅游项目，要注意劳逸结合，保存体力，保证旅途身心健康。

五、起居安全

老年人日常生活起居中有哪些安全问题需要注意？

由于老年人生理功能逐渐减退，较容易发生意外，所以老年人在日常生活起居中要采取一定的安全措施：

1. 家具要适用、安全：各种家具在保持适用的同时，要充分考虑到使用的安全性。如座椅要结实牢固有靠背或扶手，高低适宜，接触地面要稳固；床具最好是硬板床、铺厚褥为宜，高矮要合适，便于上下；地面要平坦不打滑；门槛不宜过高等。家具摆设整齐、固定，以防半夜起床被绊倒。常用物品应该摆放在容易拿到的地方，而不需要动用到梯子或凳子等东西，避免意外发生。

2. 日常生活中，行动、动作要轻缓：老年人在突然、快速改变体位时常会发生头晕、眼花或心慌，甚至摔倒的情况，因此，老年人应注意动作幅度不要太大，速度不要太快。具体来说，起床、下床时要先停一会儿，再由卧而坐、由坐而立，起步动作要慢；久坐后，应在原地站立一下再走；由蹲位到站立时，更应缓慢并站一会儿再走，不能站起来马上就走；尽量少做弯腰低头下蹲的动作；不宜长时间站立，更换衣服或穿脱鞋袜时最好取坐位，必须保证不单腿站立。

3. 行走时尽量借助一定帮助，尤其是体弱或高龄老人：行走时如有必要应有陪护人员予以搀扶或由自己扶着室内的墙壁、桌椅往前走；平时或上街时可借助拐仗，拐杖着地的一端最好带有橡皮头以防地滑；行走时间不能太长，一旦感到疲乏应及时休息。

4. 老年人出行时要注意交通安全，行走不宜过急，以免忙中出错。外出前要了解天气情况，并准备必要的物品。同时要合理安排外出时间，避免时间太长；一般情况下，雨雪天、雾天、大风寒冷天气，炎热季节是不宜外出的，如事先有约，无法改变时间，应先做好充分的准备，最好有人陪护。外出时注意遵守交通规则，过马路走人行横道，注意信号灯、非机动车与机动车等。

5. 其他有关起居安全的注意事项：尽量减少爬高就低；尽量不穿塑料底和高跟鞋以防滑倒；睡前不吸烟，必须保证不躺着吸烟，以防火灾；做家务劳动时，动作要舒缓，不急躁，要防止烫伤；常用物品不要经常随便移动位置，以便于取用；电器、燃气使用注意安全等。

老年人如何安全度春？

春季，天气变化多端，冷热无常，温差波动大，使老年人一时难以适应。为使老年人健康、平安度过春天，建议老年朋友做好以下五点。

1.防寒保暖，谨防感冒。要遵循“春捂秋冻”的古训，初春乍暖时，不急于减衣，气温骤降时，要及时添衣。如衣着单薄，保暖措施不力，易受寒患病。特别是老年人，有意地“春捂”，尤其重要。户外活动时，选择避风朝阳的地方进行。

2.科学膳食。早春时节，天气仍比较寒冷，人体为了御寒，需要消耗一定的热量来维持基础体温，所以春季的营养构成应以高热量为主，这时需要补充优质蛋白质食品，如鸡蛋、鱼类、鸡

肉和豆制品等。同时，春天细菌、病毒等微生物开始繁殖，活力增强，容易侵犯人体而致病，所以，在饮食上应摄取足够的维生素和无机盐。应多吃蔬菜、水果，增强抵抗力。另外，可以根据各人体质不同适当进补，但必须根据春天人体阳气逐渐生发的特点，选择平补、清补的饮食。如患有各种慢性病而体形孱瘦者、腰酸眩晕、脸色萎黄、精神萎靡者，可利用春天这个季节，吃一些平补食物，如荞麦、薏仁等谷类，豆浆、赤豆等豆类，橘子、苹果等水果以及芝麻、核桃等，可长期服用。有阴虚内热者，可选用清补食物，如梨、莲藕、荠菜、百合等。病中或病后恢复期的老年人的进补，一般应以清凉、素净、味鲜可口、容易消化的食物为主，可选用大米粥、莲子粥、青菜泥、肉松等。

总之，中老年人在饮食上宜选甘、温、清可口之品，忌油腻、酸、涩、生冷之物。蔬菜宜吃小白菜、芹菜、菠菜、胡萝卜、油菜、柿子椒、西红柿、苋菜、青色卷心菜、菜花、土豆等；水果宜苹果、香蕉、柚子、柑橘、柠檬等。

3. 睡眠充足，注意卫生。春季，老人常有困倦之感。早晨不易睡醒，白天则昏昏欲睡。这是因为春季气温回升，人体活动量增加，体表末梢血管开始舒张，体表血流量增大，使脑部的供氧量显得不足，从而产生“春困”现象。为此，老年人要积极做好身体的协调适应工作，每天中午最好午睡一个小时左右，以补春季睡眠之不足。下午则安排适量的体育活动，如散步、打太极拳、做健身操等。切忌“恋卧”，以防睡眠过多使新陈代谢减慢，气血运行不畅，不利浊气排出，导致多种疾病。因此，既要保证足够睡眠，又要防止睡眠过多。还要经常保持室内清洁，开窗通风，使室风空气新鲜，阳光充足。要勤晒被褥，勤换衣裳。睡前温水泡脚，按摩双脚，以助睡眠。

4. 锻炼适度。春季，春光明媚，正是老年人走出家门强身健体的大好时光，但是锻炼要适度。中医讲“久立伤骨、久行伤筋”，锻炼中，首先要注意运动量和运动幅度不要太大，避免因运动量过大，超过体能所能承受的负荷而损伤组织、器官。冬天的活动量较少，因此，刚进入春季的锻炼，应当以恢复为主，做一些活动躯体、关节的活动，不要做过难、过大、过险的动作。其次应注意不要太早。初春天气乍暖还寒，早晚的气温都很低，空气中的杂质也比较多，不适合锻炼。太阳出来，气温回升，空气中的二氧化碳浓度减少，这时才是比较适合的时间。再次是要注意在锻炼前适量进食，以补充水分，增加热量，加速血液循环，也可以提高身体协调性。但要注意一次进食不要太多，而且在进食后应该有一个休息时间，随后再锻炼。最后是要安全保暖。春天，天气变化无常，余寒未尽，人体在运动后发热，这时如果不做好保暖措施，就很容易受凉感冒。身体素质相对较差的老年人应多注意。

5. 疾病防治。春天，细菌、病毒等微生物的生长繁殖开始活跃，加之气候变化无常，老年人要增强自我防病意识，做到无病早防，有病早治。一要加强传染病预防。如甲肝、流脑、肺结核等，尤其是感冒、流感更要早防、早治，避免并发其他疾病。二要加强脑血管病的预防。进入春季，老年人须防脑血管病的发生。这是因为春季气温不稳定，常有寒潮入侵，气温变化大，在每次气温变化的过程中，可造成人体血管的伸缩难以适应而导致中风发生。三要加强自身疾病的治疗。有的老年人在年轻时由于超负荷工作，劳累成疾，因此，要加强旧病的治疗。千万别忘了自己的病，别忘了医生的医嘱，别忘了及时正确地服药。

老年人如何平安度夏？

夏季气温升高，湿度大，人体的生理活动容易受外界环境影响，尤其是老年人，稍不注意便会引起多种疾病。因此，老年人更要重视夏季养生，安全度夏。

1. 充分休息，静心养神。夏季天气炎热，特别是老年人容易烦躁不安。应善于自我控制，清静养神，忌躁制怒，保持情绪稳定和豁达乐观的心态。还要保证充足的睡眠，养成午睡习惯，以保持旺盛精神。

2. 避免着凉。屋檐下、楼道、草坪、亭廊及林荫、荷塘等处是消暑避暑的好地方。但这些地方难免潮湿或过于阴凉，老年人久坐湿地或睡在阴凉处，容易招致中风、偏瘫、鼻塞、咽喉及皮肤湿疹、风疹、昆虫叮咬，等等。因此，休息片刻要活动一下身体，千万不要坐卧太久。还要注意对腰腹部进行保暖，不要让风直接吹前后胸和后背。在室内，则不宜长时间用电风扇和空调。老年人久吹电风扇、空调后，易使局部血液受阻，肌肉酸痛，还可加剧头痛、腰肌劳损、颈椎病、肩周炎、脉管炎、面肌麻痹，等等。

3. 清洁皮肤。夏季要保持皮肤清洁，勤换衣物，但不宜久洗冷水澡。老年人暴冲暴洗冷水澡，会导致躯体温度骤然下降，引发疾病。尤其是患有冠心病、高血压的老年人，洗澡后要尽快擦干身上的水珠、穿好内衣再去风凉处。

4. 预防中暑。夏季天气炎热，老年人应避免长时间在烈日下或高温下活动，同时要注意补水。一是外出健身时，不要走得太快，累了就休息一会儿。二是老年人出门时要戴好帽子，保护好头部，特别是头发稀少的老人更应戴帽子出行，以防止紫外线照射。出门时要穿软底鞋，穿宽松、浅色、透气的衣服。三是天气不管有多热，每天要三餐必吃，以保持体力。四是注意补水。不要等口渴再喝水，也不要渴了就猛喝一阵，要喝白开水，不要喝冰水和凉水，更不要喝隔日陈水。五是不要滥用消暑药。老年人各脏器生理功能有

一定程度的退化和改变，对药物在体内吸收、分布、代谢排泄过程均有影响。常用消暑药，会加重神经失调，必须服用时，须经过医生指导。

5. 调节饮食。老年人代谢过程比一般人低10%~15%，所以夏季饮食应该新鲜可口、清淡、营养、易消化，慎吃油腻或辛辣食物。可多吃鱼类、蛋类、豆类等优质蛋白质和多种维生素及矿物质食物，如新鲜蔬菜、水果，多喝绿豆汤，以解暑开胃，增进食欲，补充水分。

6. 注意饮食卫生，预防肠道病。老年人各器官生理机能较弱，夏季更要讲究饮食营养和卫生。不要贪食生冷食品，不要吃剩饭剩菜，不吃腐烂变质的食物。蔬菜要熟吃，吃水果一定要洗干净，以免出现食物中毒和肠道疾病。

老年人如何健康度秋?

秋天处于“阳消阴长”的过渡阶段，气候寒热多变，一些老年人由于自身调节能力减弱，这时往往就会出现一些相应的症状，使老年生活质量大大下降。老年人怎样才能安全、健康地度过秋天呢？主要应注意以下几点。

1. 静养调神，愉悦身心。秋天万物凋零，容易引起老年人悲观伤感的消极情绪，老年人要学会调适自己的情绪。可以经常和家人、好友聊天谈心，交流感情；多参加集体活动，在人际交往中取长补短，汲取生活营养；或到公园散步，适当看看电影、电视，或养花、学书画、对弈、垂钓，这些都有益于修身养性，陶冶情操，从而养成不以物喜、不以己悲、乐观开朗、宽容豁达、淡泊宁静的性格，收神敛气，保持内心宁静，方可适应秋季容平的特征。

2. 调理饮食，防止胃肠道疾病。相较于年轻人来讲，老年人的五脏更加衰弱，肠胃也相对薄弱。因此，在秋季，老年人应少食多餐，饮食要以“滋阴润肺”为基本准则，另外还应“少辛增酸”。 可以多吃银耳、甘蔗、梨、芝麻、燕窝、藕、糯米、粳米、蜂蜜、枇杷、乳品等柔润食物，以益胃生津；少吃葱、姜、蒜、辣椒等辛辣食品；还要多吃一些酸味的水果和蔬菜，比如苹果、葡萄、山楂、菠萝、柚子、柠檬等。

另外，早秋季节，气温仍然较高，食物极易腐败变质。痢疾、肠炎等肠道传染病发病率高，食物中毒也比较常见，所以要特别注意饮食卫生，尽量少吃生冷食品及海鲜类食品。老年人胃肠功能差，对冷的刺激比较敏感，即使达到完全灭菌标准的冷饮也可能会引起腹泻。家中吃剩的食品，再吃时一定要充分加热，否则进食后很可能导致急性胃肠炎或食物中毒。

3. 增减衣服，预防感冒。秋季温差变化较大，风寒邪气极易伤人，加上老年人抵抗力和适应能力降低，尤其易患感冒、肺炎、肺心病，甚至发生心衰而危及生命。我国自古以来就流传着“春捂秋冻，不生杂病”的养生保健谚语。但“秋冻”不能简单地理解为“遇冷不穿衣”，而是要适当地增衣，否则不但不能预防疾病，反而会招灾惹病。“适当增衣”以让自己略感凉而不感寒为宜，而不是穿得暖暖和和、裹得严严实实。“秋冻”的另外一层意思是，晚秋可适当拖延增加衣服的时间，但要以自己能接受为限度。

4.谨慎起居，适度锻炼。古人云：“早卧早起，与鸡俱兴。”意思是，在秋天要早点睡觉，早点起床。之所以要做到早卧早起，是因为“早卧”可调养人体中的阳气，“早起”则可使肺气得以舒展，防止收敛太多。秋季适当早起，还可减少血栓形成的机会，对于预防脑血栓等缺血性疾病发病有一定意义。一般来说，秋季以晚9点至10点入睡，早晨5点至6点起床比较合适。

另外，秋高气爽，还是老年人户外锻炼的好时机。“春夏养阳，秋冬养阴”，秋季是收养的季节，老年人运动也应遵循这一规律，运动量不宜太大，不宜剧烈。老年人可根据自身体质情况和身体状态，参加一些力所能及的文体活动，如户外散步、打太极拳等，这不但是在进行好的“空气浴”，还接受了耐寒训练，使身体能适应寒冷的刺激，为度过即将到来的寒冬做了充分的准备。

5.控制原发疾病，警惕易发疾病。秋季的特殊气候特点，使得老年人极易发生秋燥咳嗽、感冒、慢性支气管炎、胃病、风湿病、哮喘及心脑血管等疾病。特别是患有高血压、动脉硬化的中老年朋友，秋季一定要当心脑中风。预防的关键是要注意发病前兆，及时采取有效措施：多喝水能降血稠、防血栓，少吃过腻、过甜、过咸、过辣的食品；高血压病人注意血压波动，并根据变化调整用药，很好地控制血压；糖尿病病人要关注血糖消长，加强对血糖监测，注意调整降糖药量。

老年人如何安全过冬?

冬季对老人来说是一个较难适应的季节。很多老年病如老慢支、高血压、糖尿病、冠心病等，入冬后都有加重趋势。老年人要顺利度过严冬，主要应注意以下几个方面。

1.注意防寒保暖。冬季气温较低，容易引发伤风感冒、支气管炎、冠心病、肺气肿、哮喘等。当寒潮或强冷空气袭来之时，老年人中高血压、中风的发病率明显增高，心血管疾病患者也容易出现，产生心绞痛、心梗、心力衰竭等。所以，老年人必须随时注意防寒保暖，要随天气的变化及时增添衣裤，避免着凉，防止感冒。

2.注意饮食调节。在严寒的冬季，为了应对寒冷气候造成身体消耗，老年人应进食一些较有营养的高能量食品，适

当增加一些鱼肉，晚上，还可以根据身体状况进食一些温胃暖身食物。但要适可而止，若过食肥腻，则痰湿顿生，对心脑血管疾病有害无益。

3. 注意控制情绪。要心境平静，也要注意控制情绪，特别是高血压的老人，更应注意对情绪的调节。经常保持情绪乐观、精神愉快，科学安排生活，注意劳逸结合，防止过度疲劳，使意志安宁、心境恬静。

4. 经常开窗通风。在冬季，人们为了御寒而将门、窗紧闭起来，再加上取暖设施的使用，致使室内的空气干燥、污浊，室内空气污染程度比室外严重数十倍，因此，在控制室内温度同时，应注意常开门窗通风换气，或在室内放一台负离子发生器，以清洁空气，健脑提神。

5. 勤锻炼，多运动。冬季老人户外活动少，但还是要坚持锻炼。冬季晨练不能过早，应在太阳出来后再进行，活动要掌握“度”，量力而行，贵在坚持。老人最适宜的运动是散步，走路可刺激足部穴位，从而起到调整内脏功能的作用。

6. 预防传染病。冬季是各种呼吸道传染病的多发季节，而老年人的机体免疫功能低下，抗病能力差，很容易染上传染病。因此，老年人要注意防止传染病，最好少到人流动大、人口密集的地方如商店、娱乐场所等，家里有传染病病人时更要注意预防，外出要戴口罩等。

7. 有病早治疗。老人在冬季如稍有不适，如食欲不佳、发热、咳嗽、胸痛、心悸、气短、疲乏无力等，应及时去找医生诊治，以免延误治疗，造成病情加重。

老年人运动锻炼时有哪些问题要注意?

1. 运动项目选择：慢运动是适合老年人的运动。因为老年人身体机能慢慢衰退，已不再适合高负荷的运动。慢运动既可以让人不感觉很累，同时又能享受动作舒缓、排解烦恼、收获心灵的宁静和身体的健康，让身体在放松、身心愉悦的状态下健身，感受另一种境界。慢运动通常是一些强度较小、节奏缓慢、适宜长期练习的休闲体育项目。如散步、慢跑、太极拳、跳舞、瑜伽、台球、钓鱼、健身气功等。它们称得上是运动，能消耗一定的体力，促进一部分能量转化。

2.运动中应注意的问题：应了解当日天气，雨雪天、浓雾天气、大风天、空气污染较为严重等天气最好不到室外做运动；运动时选择合适的运动鞋及运动器具，鞋底要富有弹性且要防滑；选择平整且温度适宜的运动场地，以保证运动安全、舒适；不要空腹运动，活动前应适当喝些糖水或吃点水果，让身体得到一些启动的能量；运动前应注意做热身运动，运动过程中注意自我感觉掌握运动量和运动强度的指标，如果运动中出现恶心、头晕、胸痛、肌肉疼痛、呼吸短促、脉搏加

快、心脏剧烈跳动、四肢疲劳等现象，说明运动强度太大，需要立即休息，或降低运动强度；运动结束时应进行整理运动。老年人由于体能低和适应能力较慢，因此热身运动和整理时间应适当延长。活动结束后，可休息30分钟左右，使心肺功能恢复稳定状态，同时胃肠系统有适当的准备，然后再开始进食，用餐前后1个小时内不宜运动。有高血压，心脏病，糖尿病，关节置换以及腰、肩、颈酸痛等个别健康问题者，应请专业的物理治疗师指导合适的运动方法、运动强度及注意事项。运动时应随身携带心脏病保健药盒和相关的药物。

走路锻炼有什么好处，应怎样进行?

世界卫生组织指出：走路是最佳运动之一，既简单易行，强身效果又好，不论男女老少，什么时候开始都不晚。

1. 快走防很多病。多项权威研究发现，坚持每天快走，能有效对抗糖尿病、减少中风、预防阿尔茨海默病等，还可以提高免疫力，对更年期女性起很好的保健作用。快走应每天坚持40~60分钟，感觉有点儿气喘、身体出汗，以保证锻炼效果。老年人刚开始走路锻炼，不要一下子走很长时间或很远距离，而应该逐渐增加运动频率和时长，可以隔一天走一次，一次半小时，逐步适应后就坚持每天锻炼。

2. 走一字步缓解便秘。许多老人有便秘的症状，可以在

走路锻炼时结合一字步的方法。一字步走路时两脚轮番踩在两脚之间的中线上，可以使跨部扭动，增强腰部力量，刺激胃肠蠕动，防治便秘。老人在进行走路锻炼时，可以每天走一字步五六百米。走一字步时左右胯的摆动不要过大，要注意保持身体平衡，以免摔倒或扭伤脚踝，得不偿失。

3. 甩手大步走不驼背。老人年纪大后，因背部肌肉薄弱、松弛，脊柱容易变形，形成驼背。可以通过改变走路姿势延缓这种症状的出现，那就是走路时上身挺直，下巴前伸，抬头，两肩向后舒展，迈开大步（步幅大小以两臂伸直的距离为宜），甩动双臂，以每分钟 80~90 步的速度行走。这种锻炼不但可预防驼背，还可以加强背部和腰部肌肉，减轻腰部负担。

4. 踮脚走能护肾。随着年龄的增长，人的肾气出现衰退，表现在牙齿松动、双腿乏力、听力减退等。出现这种症状的老年人，可以尝试每天踮脚走路 10 分钟进行锻炼。踮脚走时主要是脚掌内侧和大脚拇指起支撑作用，这样可以对足三阴起到按摩作用，从而温补肾阳。踮脚走路容易累，可以走走停停，循序渐进，开始时可以扶着支撑物进行练习，长期坚持。对于有严重骨质疏松的老人不建议进行此种锻炼。

老年人走路锻炼应注意些什么?

走之前要做好三项准备工作：第一，要正确穿着。穿一双软底跑鞋，一身舒适的运动装。第二，充分热身。做做伸展、拉伸的运动，防止运动损伤。第三，带瓶水，带块毛巾。运动中少量多次地补充水分。糖尿病病人走路时最好随身带块糖，还可以带块可以测心率的手表，随时监测心率，控制运动量。第四，走路应用正确姿势。挺胸抬头，收腹提臀，曲臂摆动。另外，还要注意以下几点。

1. 走步不要过于追求速度。并不是走得越快对身体越好，节奏不快不慢，配合均匀的呼吸，才算对身体好，特别是中老年人，一定不要看着人家走得快，自己也快，要量力而行。可以慢慢加速。

2. 不要走得太多。老年人要特别注意自己的身体，不要运动过量。走路以时间为准，每天坚持40~60分钟即可，不用过于追求距离，走得太多反而对膝关节不好。

3. 不要刚吃过饭就去走路。空腹或刚吃过饭就去走路，尤其是快步走对身体不好，可以在饭后一小时进行走路锻炼。

4. 加入一个团体一起走可以相互促进，但人和人的身体素质不一样，锻炼要量力而行，特别是中老年人，不要攀比。

哪些老人不适于跑步?

跑步可以锻炼心肺功能，强健心脏。但因为跑完步后心跳会加速，大脑供血不足，身体状况不好的还会引起身体缺氧，呼吸困难。因此不是任何人都适合跑步的，尤其患有以下疾病的老年人不宜跑步：体形过胖的老年人不宜跑步。因为过重的身体会加重膝盖的负担，造成膝盖损伤。患有隐匿性疾病的老年人不宜跑步。因为跑步有可能引发潜在的疾病，例如有的老年人患有胆结石病，虽然以前从未发过病，但慢跑后有可能使位于胆囊底的结石震落到胆囊颈部引起绞痛。

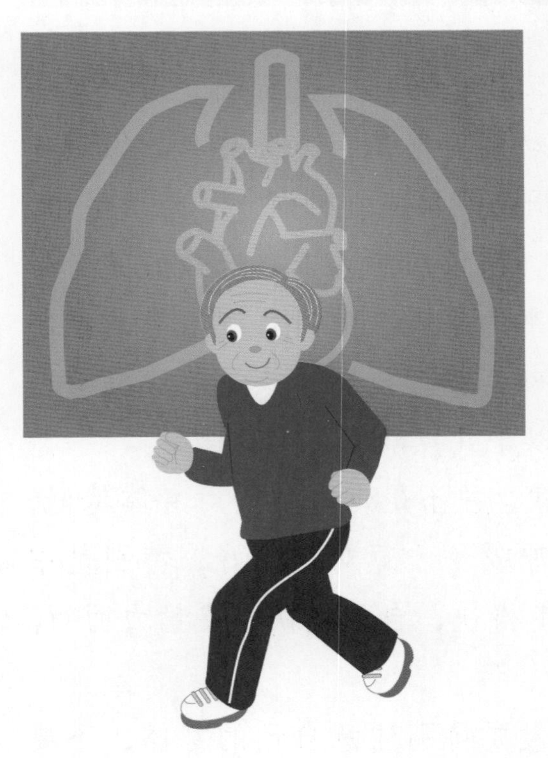

老年人跑步锻炼应注意些什么?

跑步锻炼因为技术要求简单，无需特殊的场地、服装或器械（无论在运动场上或在马路上，甚至在田野间、树林中，均可进行跑步锻炼），各人可以自己掌握跑步的速度、距离和路线，同时可以对足部进行有效锻炼，促进血液循环，有益身体健康，而成为一些老年人的运动选择。但是老年人进行跑步锻炼有一些事项需要特别注意。

1. 先了解自己的身体状况。在开始决定进行跑步运动前应先进行一次体检，向医生咨询自己的身体状况，听取医生的建议。

2. 准备适用而非昂贵的跑步装备。一双适合自己的跑鞋、几双吸汗合适的袜子。女性还需要有支撑功能的专业运动内衣。其余只要穿着平时健身的衣服就可以了。

3. 不要着急，量力而行。开始跑步一定不要超量、超速。慢跑时以能够舒服地进行交谈，而不是喘不过气来为准。如果只能艰难地说出一两个字，那就说明跑得太快了，应该把速度调低一些，直到能轻松地进行下去。

4. 善待自己的身体。随着年龄的增长，在运动之后我们的身体会需要更长的时间才能恢复。因此要避免连续跑步不休息。刚开始的时候，每周跑三次就足够了。

5. 忌雨天、雨后、雪后、雾中慢跑。身体暴露部位受冷雨刺激后易诱发多种疾病。若在雾天跑步，由于雾滴含有污染物，老年人吸入大量被污染的空气，会引起呼吸道疾病和各种过敏反应。另外，还忌迎风跑。老年人可迎风时走，侧风和背风时再跑。

6. 心态不好时不要跑步。在和同伴一起跑步时，应心平气和、量力而行。如果跑步时烦躁不安，应及时停止。

7.跑前的热身和跑后的放松同样重要。它们有助于防止过度损伤，以及膝盖、腿筋和小腿肌肉的问题——这些都是年龄较大的跑步者容易受到的运动损伤类型。在跑步结束后再进行动态的拉伸，而不要在开始前进行。因为肌肉在冷的状态下更容易受伤。跑前热身主要活动踝关节、膝关节、胯关节、肩、头等。

8.跑步成绩没必要攀比。不要刻意与其他跑友做跑步成绩上的比较，特别是与经验丰富的跑步者。要坚持自己，经常提醒自己跑步的目的是快乐和健康，而不是要成为奥运冠军。

9.跑完步后不能马上坐下，最好慢慢走会儿。

10.跑步运动后不要立即洗冷水澡，不应马上喝冰水，也不要立即大量饮水。

11.跑步以后休息注意保持室内空气流通。若室内外温差太大，室内空气不流通，容易使老年人产生气促、胸闷、头晕、乏力等不适感。因此，老年人的居室应注意保持清洁干燥、空气畅通。

哪些老年人不宜跳广场舞?

1.糖尿病患者。糖尿病患者身体机能下降，要很好地控制血糖就需要适当运动，但因为广场舞的氛围非常热闹，人身处噪音环境中，血液也会处于兴奋状态，血脂、血糖水平都会略有增高。所以糖尿病患者最好不跳广场舞。

2.心血管疾病患者。有的心血管病患者不宜跳广场舞。譬如未控制的高血压、发作频繁的不稳定心绞痛、严重心律失常、急性心内膜炎、失代偿性心力衰竭、急性肺栓塞、深静脉血栓、严重主动脉瓣狭窄、急性主动脉夹层等患者，均不宜运动。这类患者跳广场舞，容易导致血压的急剧升高，诱发病症，甚至猝死。部分心血管疾病患者则需要确保适度的运动量。如果处于康复的早期，可根据自身情况，每天跳低强度广场舞5~10分钟。后期随着身体功能逐渐恢复，再适当延长跳舞时间。需要注意的是，最好先预热10分钟左右，然后再跳舞。即便体力能坚持，每次跳舞也不要超过1小时，时长以40分钟为宜。一般建议每周跳3～5次，体力恢复较好的患者可以适当增加次数，提高强度。不过，如果跳舞时出现胸闷、胸痛、心悸、气短、头晕等症状，应立即停止，静坐休息，如症状有加重情况，需尽快就诊。

3.骨关节疾病患者。广场舞通常有很多身体旋转、下肢扭转的动作，跳的时候若上下肢的肌力和运动控制不理想，会造成关节囊的拉扯和关节韧带的松弛。而且如果长时间跳广场舞，扭动、转圈等动作会增加关节负担，容易诱发或加重关节伤害。另外，由于广场舞大多是在混凝土地面或石板地面上跳的，这种硬地缺乏缓冲支撑，长时间地运动，对腰、膝盖、脚踝等关节都不利。所以，关节有问题的老人，如果想跳广场舞，应以自己身体舒适为主，每次时间不宜太长，锻炼次数不要太频繁，动作不需要太标准，要有意识避开一些会加重病情的动作。像扭颈、转腰、转髋、下腰这类动作，最好不要做。

4. 有韧带损伤的患者。广场舞通常有很多身体旋转、下肢扭转的动作，有严重韧带损伤的人不适合跳广场舞。如果是轻度的拉伤，可以在打上支持带保护的情况下，减少跳舞的锻炼量。即便没有韧带损伤，也要在跳广场舞前后做热身、放松，否则容易导致肌肉僵硬、变紧，使机体受损。

5. 做完手术的患者。同心血管疾病患者一样，手术后的患者要根据自身状况，来判断跳广场舞的限制。如恢复良好，可循序渐进、量力而行，要保证跳广场舞不会产生不适。之后可按照身体机能的变化，慢慢增加运动时间，增强动作难度。

老年人跳广场舞要注意些什么?

跳广场舞可以健身、健心、健脑而成为广大老年人锻炼的首选。但是，老年人跳广场舞有一些事项必须要注意。

1.“闻鸡起舞”要不得。尤其是冬天锻炼忌太早，建议等太阳出来后再跳舞。

2. 不要饱腹起舞。老年人消化机能差，饱腹跳舞会影响消化功能，导致胃肠道疾病的发生。应在饭后休息 40~60 分钟后，再开始跳舞。

3. 切忌酒后起舞。酒能刺激大脑，使心跳加速、血管扩张，酒后起舞还会诱发心绞痛及脑意外。

4. 不要穿硬底鞋。舞场地面平滑，老年人穿硬底鞋跳舞容易滑倒，要当心骨折，同时硬底鞋弹性差，地面反作用力也大，有损于小腿肌腱和关节组织。

5. 有病切勿跳舞。对于患有心血管疾病者，跳舞易导致血压升高，发生心血管疾病；头晕的老人，常易摔倒，严重者可发生骨折；患有传染性疾病的老人更不要跳舞，以免传染他人，同时也影响自身康复。

6. 不宜跳过于剧烈的舞。老年人心血管弹性较差，狂舞使交感神经过度兴奋，导致呼吸加剧，心跳加快，血压骤升，可诱发或加剧心血管疾病。

7. 动作幅度别太大。老年人运动系统肌肉萎缩，韧带弹性下降，关节活动不灵，因此应避免突然的大幅度扭颈、转腰、转髋、下腰等动作，以防跌倒，发生关节、肌肉损伤，甚至骨折。

8. 跳 15 分钟要休息。跳之前要先做 5~10 分钟简单的拉伸肌肉和韧带的准备活动，遵循先慢后快原则；跳 15 分钟应休息几分钟，总时间控制在 60 分钟左右。“有些老人一跳就停不下来，超过 2 个小时就不好了”。

9. 跳完舞后不应立刻回家。跳完舞后应做一些舒缓活动来放松。可以重复跳舞前的拉伸动作，并多做身体按摩，尤其是小腿，要从脚踝向大腿根按摩，双手合成圈，圈住小腿，将小腿肌肉向上提拉；在膝盖窝处用力按压几下；从膝盖一直按压至大腿根；在腹股沟处用手掌外侧稍用力按压即可。

10. 不要骤然降温。跳舞可能使身体冒汗、口渴，所以老人在早晚跳舞时，不要随意脱衣，以防感冒，引起其他疾病；也不要多饮冷饮，以免因低温的刺激引发呼吸道疾病。

六、财产安全

老年人为什么容易被骗?

生活中经常会有老人上当受骗，其中有退休工人，也有知识分子，年龄从50岁到80多岁。被骗的方式多种多样，有些老年人是轻信一些口头或形式上的承诺，防范意识薄弱被骗；有的老人好贪小便宜，喜欢参加免费活动，参加后容易盲目相信高额回报等宣传被骗。分析原因，老年人容易被骗主要有以下几方面。

1.不听儿女规劝。老年人往往对自己的人生阅

历过于自信，致使思维方式老化、僵化，导致与社会脱节，加上信息不灵，出现新问题时不能做出正确判断。同时，传统文化中的敬老思想在老年人脑中根深蒂固，老年人因此放松了对外界的警惕。而儿女是晚辈，老人往往不认可儿女的反驳，因不听儿女的规劝而上当。

2. 生理机能衰退。随着年龄的增大，人体的各项器官功能减退，年老者会逐渐出现耳聋、眼花、大脑供血不足的情况，不少老年人脑血管出现粥样硬化，这些都是导致老年人思维缓慢、记忆力衰退、动作迟缓的原因，从而造成老年人认知功能障碍。老年人在生理衰退的同时，智能、情感、人格等也会产生一系列变化，如常见的思想僵化、顽固执拗，极为敏感、啰嗦，因孤独产生的抑郁和渴望与人交流、容易相信他人，等等。老年人所有这些生理变化都是人体的自然规律，而这些特点恰恰给骗子以可乘之机。他们抓住了老年人心理比较脆弱，容易受“心理暗示”影响的特点，用花言巧语让老年人不知不觉地相信他们所说的一切，或者毫不怀疑地相信自己所听到的一切而上当受骗。

3. 信息不灵，法律意识淡薄。老年人活动范围小，信息不灵，法律意识淡薄也是容易上当受骗的重要原因之一。在老年人上当受骗案例中包括一些“投资陷阱”，一些老年人之所以容易掉进陷阱，多是因现在生活水平提高了，很多老人都有一笔闲钱在手上，而自己又因客观因素制约感到余生发财无望，碰上诈骗分子“钱生钱”的吹嘘，往往不辨真假，不甘清贫的老人便怀着侥幸心理去“投资生财”，有时明知有上当的可能，但也想一试。当家里的年轻人知道真相，或执法部门再去追讨时，却发现这些骗子公司都有工商注册执照、税务登记，与老人签有“合法”合同等，对此，执法部门也很难处理。

骗子都有哪些伎俩让老年人上当受骗?

郑州市人民检察院检查官曾经总结了骗子们常用的11种伎俩，其中以老年人为目标的行骗伎俩有以下几种。

1.迷信型。这类诈骗大都发生在农村，作案人抓住受骗人有严重的封建迷信心理弱点，打着算命、卜卦、相面或“消灾”的幌子，经常活动在集市或乡镇街道上。作案人员以相面、卜卦、问路令你上钩。这种骗术一般要三四人合伙骗。一般第一个出场的骗子是女性。常用谜语：“大妈，您知道这里住着一个神医吗，那个神医很神的，我的××的病就是他治好的，大妈您气色不好，一起去看看吧。”（有的骗子经过踩点，盯着家中有人生病的市民

骗，往往更有迷惑性）。

2. 玩古型。这类诈骗主要利用人们想巧点子挣钱的心理，多以邮票、铜钱、古董、古币等古物为诱饵。作案者一般3~4人，一人充当卖主，几人扮演买主。惯用套路：骗子一般二三人，称在老屋或工地挖到“金元宝”。有的还附有“遗书”或银行的“鉴定证明”。要价也不高。老人信以为真，以为自己捡到宝，殊不知是被骗了，买的根本不是什么古董，而是不值钱的假货。

3. 玩假型。这类诈骗多发生在街头巷尾的路面上，作案人常用的诱饵是假首饰，假金戒指、假金项链等，作案人见到你朝他走来时，趁你不注意，将以上某种物品扔在能让你看到的地方，在你发现准备捡起来时，他便同时弯腰和你争取，并声明此物是两人同时看到的，应一人一半，并提议让你按估价给一半钱，东西归你。用一半钱就能得到一样贵重的东西，真是便宜极了。于是，便心甘情愿地支付了一半钱。但结果是事与愿违，自己花了几百元、上千元买来的“便宜”保证全是假货。

4. 乞讨型。这类诈骗的作案人多是女性和少年，有的妇女化装成尼姑，走乡串门，穿梭街头，以行善化缘为幌子，以建庙、建尼姑庵为诱饵，诱引善良的人们“行善积德”，捐助钱财，使好心的人上当受骗，这种诈骗多发生在汽车站。

5. 冒充型。该类诈骗犯罪分子往往冒充国家机关或企事业单位工作人员进行诈骗，常见的有冒充国家干部，以给人办事为名收取好处费；冒充银行工作人员，以检查人民币号码为由，利用手彩方式行骗；冒充煤气公司、电力公司等部门工作人员入户收费或推销物品等；还有冒充教师、大学生要搞某大型教育调研活动到外地出差，因身上钱物被盗急需帮助进行诈骗。

6. 中奖型。这类诈骗多发生在路边小卖部，作案人以买某种香烟、易拉罐中奖的方式，使你信以为真，然后以低价转卖，自认为有利可图的店主往往就上当受骗。后来还出现了利用手机短信中奖法、以假奖票参加福利彩票现场抽奖活动中奖法等行骗手段。

老年人防骗的原则有哪些?

随着老人成为多种骗术的主要受害者，全国老龄工作委员会办公室请防骗专家为广大老年人专门撰写了《中国老年人防诈骗指南》，总结了老年人防骗有六个原则。

1. 戒除贪婪心理。加固心理防线，不贪图小利，不相信

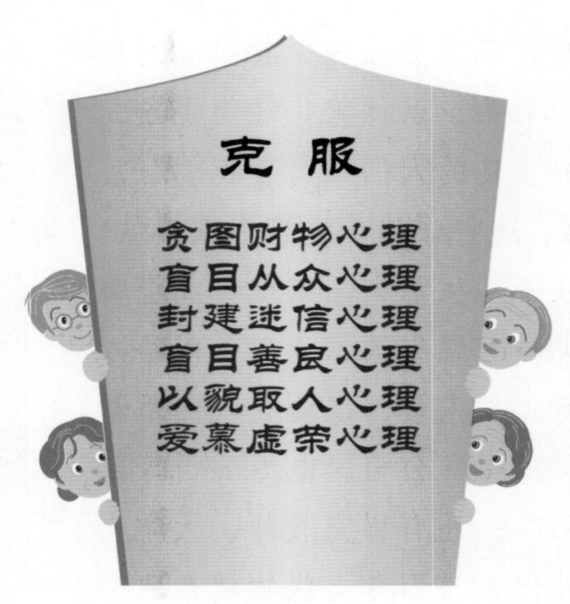

一夜暴富。

2. 抑制虚荣心理。不爱慕虚荣，不因盲目追求他人的赞美、认可或爱面子而落入骗子的陷阱。

3. 强化警戒心理。遇事保持冷静，多调查、多思考，对陌生人不轻信、不盲从，个人信息要保密。

4. 正规途径办事。多从可靠的渠道接触信息，办事通过正规途径，不抱侥幸、走捷径心理。

5. 常与亲友沟通。遇事不急于决策，不固执己见，多征求亲友意见，常与亲友沟通和交流。

6. 讲科学勤学习。心态乐观、积极，科学养生，不迷信；多读书看报，开阔视野，提高防骗能力。

生活中如何看穿常见骗术、正确应对？

在《中国老年人防诈骗指南》中，还以案例分析的形式，为老年人列举了常见骗术及应对措施，还总结概括成“顺口溜”，以便于理解、记忆。

虚假“便民”常出现，放松警惕就中招；工作证件先查看，正规发票应索要。上门服务盯老人，巧编名目骗信任；询问物业上网查，免费服务要谨慎。（煤气、水、电、有线电视、电信等社会服务部门的相关活动，一般会经社区或物业提前发布通知，或在社区管理人员的配合陪同下进行。遇到有上门服务时，可先打电话给物业或相关单位询问后再决定是否接受服务）

独居老人要设防，生人敲门细端详；雇佣保姆找中介，正规公司有保障。

热心老乡来帮忙，巧言令色祸心藏；利用地域攀交情，小心背后放“黑枪”。

街头算命称“消灾”，迷信法事把你宰；买药看病到医院，身心才能有保障。（街头骗局一旦发现上当要立即拨打“110”，或者到附近派出所报警）

捡钱骗局经常演，糊涂路人仍不防；不当得利损人品，光明正大才安全。（路遇横财要提高警惕，面对陌生人不要轻易透露存折或银行卡的重要信息）

古董字画贱价卖，存心捡漏想发财；抢购之人都是托，别听骗子瞎胡说。

飞来大奖莫惊喜，让您掏钱洞无底；坑蒙拐骗花样繁，戒贪方能保平安。

遇到大票找小票，真假纸币仔细瞧；天上不会掉馅饼，看清问明最重要。

热心帮忙要留意，涉及财物别远离；千万莫借银行卡，谨防骗子盗密码。

路遇病患陷困境，帮助拨打“120”；不要轻信带回家，引狼入室危害大。

假扮尼姑募善款，聪明巧拒不上当；捐款避免交个人，正规渠道献爱心。

免费医疗老专家，特效药品把口夸；包治百病忽悠人，火眼金睛多考察。

高昂会费是圈套，偏听偏信骗难逃；承诺服务多虚假，事发卷款就逃跑。

亲友遇险情形急，莫乱方寸要切记；求助单位和警察，不给骗子留缝隙。（收到亲友遇险的消息，一定要先打电话给自己的亲友核实，还可以给亲友的朋友、单位、医院或者公安机关打电话了解情况）

突降横财有问题，兑现要钱不合理；中奖一定要求证，汇款转账应回避。

莫名短信蹊跷多，没事轻易不回复；密码账号管仔细，如有疑团问客服。

假扮熟人让你猜，亲情友情一起来；借钱多数是骗局，不转不汇要牢记。

“公安”“法院”来电话，事态严重真可怕；改号软件能作假，一旦被骗难追查。（骗子使用改号软件可以随意设置电话号码，接到陌生电话，一定不要轻信，任何执法机关都不会设置所谓的“安全账号”，更不会通过电话要求市民进行个人资金转移）

领取养老补贴金，联系电话藏玄机；把握不清就报警，警方帮您解难题。（社保养老金只会发放到特定银行账户，

不可能随意汇钱。社保中心一般不会直接与参保人联系，也不会通过电话或短信方式通知参保人领取社保补贴）

取钱坚守“一米线”，莫让他人来靠前；遇到机器要“吞卡”，电话求助别离远。（ATM 机吞卡不要贸然离开，应待在原地拨打银行客服电话请求帮助）

理财产品需看清，并非个个是馅饼；不要轻信推销话，仔细分析方能赢。

老人投资要稳健，收益过高有风险；科学理财多询问，正规渠道才能选。

所谓直销和传销，挖个陷阱让你跳；多看新闻多读报，哪有机会被“洗脑”。（目前传销出现许多新的变种，但本质都是以发展下线或会员的名义牟取非法利益）

古玩市场水太深，乱花迷眼难求真；要想获得高回报，学足知识再辨认。（涉及藏品投资事宜可拨打当地工商局电话查询公司相关情况）

彩票预测全是假，隐性风险暗中藏；收益过高勿轻信，心态平和不上当。

理疗师傅假热心，虚构身份骗定金；凡事小心准没错，弄清来路再合作。

征婚交友要警惕，约谈见面别着急；再婚心情能理解，让您汇款有猫腻。

黑心婚介连环计，疏于防范就被骗；谨慎核实多思量，收费合理是第一。

医院就医要小心，冒充医护办手续；人多眼杂看仔细，交款结算亲自去。

医院门前医托多，专钓外地外行人；多听多问多思考，保存证据巧脱身。

盗取QQ来搭讪，冒充新友急用钱；任凭骗术千万变，多方核实是关键。

网上购物虽方便，安全防线要设足；不明链接别轻点，个人信息不泄露。网上购物要小心，过度低价别动心；安全支付有三方，切勿直汇到账号。

购买飞机火车票，莫信山寨黑代理；提供服务要合法，官方渠道是唯一。（改签机票补差价不是必须在ATM机上进行转账操作。购买飞机票、火车票，一定要通过官方渠道）

老年求职不容易，待遇太好有陷阱；路边广告哪能信，正规途径才放心。（用人单位以担保或者其他名义向劳动者收取财物的，劳动者有权向当地劳动监察部门举报）

乘坐黑车问题多，一不小心把命丧；公共交通很便利，人身安全有保障。

低价旅游诡计多，强行购物其中含；保存证据不争辩，依靠法律来维权。（根据法律规定，旅行社不得以不合理的低价组织旅游活动，诱骗旅游者，并通过安排购物之名另行付费旅游项目获取回扣等不正当利益，否则予以重罚）

一日旅游真便宜，超低价位惹人馋；旅游景点乱象多，正规合同事先谈。

股民写书急出版，骗子借机来筹款；老有所为是佳话，正规渠道了心愿。

如何防范电信网络诈骗?

随着近年来，电信网络诈骗在整个社会中的流行，受骗对象越来越多，中老年人成为受骗的高危群体之一。鉴于此，中国老龄协会推出了《中国老年人防电信网络诈骗指南》，给出了“三不一多”的防范原则：陌生链接不点击，陌生来电不轻信；个人信息不透露，转账汇款多核实。

还就当前比较多见的电信网络诈骗种类从案例到防骗口诀进行了总结：

面对电信网络骗，自身保护防范在；使用手机好习惯，未知链接不轻点。

不要乱扫二维码，陌生 Wi-Fi 咱不连；电网诈骗花样多，不要觉得我无关。

诈骗短信千千万，中奖信息占一半。

“房东”通知换账号，还有机票要改签；政府通知领补贴，领取之前先汇款。

通知家人出车祸，自称绑匪来要钱；电话通知得罪人，赶快破财保平安。

陌生来电称朋友，江湖救急借点钱；或称我是你领导，你先帮我汇些款。

来电自称公检法，一来就说你涉案；“专案侦查”要保密，内容不能与人谈；让你网上看通缉，安全账户催汇款。

各种套路环扣环，以上这些全是骗；保持一颗警惕心，个人信息不多谈。

遇事冷静缓一缓，仔细核实再打算；时刻有个安全弦，确认无误再汇款。如果不幸已被骗，保持冷静快报案；详述骗子的账号，紧急止付保护钱。

实在不明找警察，帮您甄别护平安；重申防范是重点，“三不一多”记心间。

电信网络诈骗主要有哪些？如何应对？

1. 冒充公检法机关诈骗。冒充电话局人员、歌华工作人员、快递公司人员、银行工作人员，编造受害人参与违法犯罪事件等。一般以第三方单位（公司）的名义先联系事主，以一些影响事主利益的小事骗取事主的初步信任，之后与“公安机关”“检察机关”共同骗事主将钱转到所谓的“安全账户”进行盗刷。

防骗专家苏兴博告诉广大老年人：让你拨打114核实“警察”身份的肯定是骗子；帮你将电话转接到“公安机关”的肯定是骗子；要求你保密不能与其他任何人联系的肯定是骗子；要求你将资金转到“安全账户”或者进行“资产清查”的肯定是骗子；让你看自己的“通缉令”（逮捕令）的肯定是骗子。

2. 退税补贴类诈骗。犯罪分子事先通过非法手段获取事主信息，冒充政府工作人员与事主联系，以向特殊人群发放补贴、退费、退税等理由迷惑事主，进而让受骗人通过银行转账去诈骗。

政府各部门提供的补助会以公平公正公开的方式通报，领取需要相关证件或凭证，不会只是电话通知，更不会要求市民将钱转至指定账户，更不会让当事人到ATM机上进行操作。如有异议或者不确定的情况下，可以拨打官方电话或者上官网查询核实，不要轻信陌生人在电话里的介绍。

3.冒充银行或电信运营商诈骗。犯罪分子冒充银行客服或电信运营商发送中奖或积分兑换短信，要求事主登录虚假网站，输入银行卡信息，通过异地盗刷事主卡内现金。

接收到此类信息首先应细察网址，与银行或运营商的官网进行对比。而且，银行发送的所有验证码都标注有不同用途，不可轻易泄露。

4.亲人出事诈骗。犯罪分子通过非法渠道获取事主信息，通过虚构绑架或事主亲人受伤等事件，诈骗事主钱财。

遇到此类情况，首先要保持冷静并进行谨慎核实，比如对于绑架案，可要求与“被绑架人”通话，以证实被绑架人身份，若对方不同意或“被绑架人”无法正常回答，则很可能是骗局。同时，可通过其他方式如微信、QQ、手机短信等与“被绑架人”或其单位、朋友、医院等进行联系。遇到绑架，一时不能确定真假，应及时报警，不要着急汇款。

5.各种名目的中奖诈骗。犯罪分子通过短信或信件、卡片等方式通知事主中奖，领取奖项需缴纳各种名目的费用。

对于这种“天上掉下的馅饼”首先是不轻信，其次是要谨慎核实，一旦发现被骗第一时间报警。

6. 冒充熟人诈骗。犯罪分子通过社交软件以事主朋友、同事的名义加事主好友，然后以各种理由借款。

此种骗术的防范首先从定期更改社交软件密码开始。其次遇有好友申请时应先进行核实，尤其是当有人通过社交账号要求转账时，一定要通过电话等其他途径直接核实后再操作。

如何防范手机诈骗？

坚持八个凡是原则：凡是自称公检法要求汇款的；凡是叫你汇款到“安全账户”的；凡是通知中奖、领奖要你先交钱的；凡是通知“家属”出事要先汇款的；凡是在电话中索要银行卡信息及验证码的；凡是让你开通网银接受检查的；凡是自称领导要求汇款的；凡是陌生网站要登记银行卡信息的一概不要信！

发现被骗了怎么办？

1. 第一时间拨打报警电话，用简练的语言告知民警骗子的银行账号、电话等相关信息，尽可能挽回资金损失；如果是因为手机点击链接而造成资金被盗刷，要及时将手机刷机。

2. 保存好相关证据，例如转账凭证、与骗子联络的相关凭证。

3 及时更改银行卡等交易密码。

4. 若是通过ATM机卡卡转账，24小时内可联系银行撤回。

5. 即使没有遭受经济损失，也应将诈骗电话或者相关犯罪分子的诈骗信息线索提供给警方。

老年人防骗应注意什么？

骗子的诈骗方式多种多样，形形色色，但有一个共同的特点就是以骗取他人钱物为目的，而上当受骗的大多数人都是心地善良或者爱占便宜的人。所以，为避免上当受骗，人们应戒除贪婪心理，加固心理防线，不贪图小利，不相信一夜暴富；抵制虚荣心理，不因盲目追求他人的赞美、认可或爱面子而落入骗子的陷阱；强化警戒心理，遇事保持冷静，多调查、多思考，对陌生人不轻信、不盲从，个人信息要保密；办事走正规途径，不抱

侥幸、走捷径心理；常与亲友沟通，遇事不急于决策，不固执己见，多征求亲友意见，常与亲友沟通和交流；讲科学勤学习，保持积极乐观的心态，科学养生，不迷信，多读书看报，开阔视野，提高防骗能力。

居家老人如何防盗?

1.老年人在家时间居多，要熟悉邻居的家庭成员、常来常往的亲戚。有可疑人或陌生人经常观望、敲门等，必要时拨打“110”报警。对自己不认识的、找上门来的家庭成员的关系人，切不可轻易将钱财交给来人捎带，要认真了解来人身份，索要家庭成员亲笔信件，或向家庭成员单位进行必要的核对，以确定家庭成员是否在外遇到困难或伤害。假如您没办法了解情况，那就干脆别让来人捎钱带物。这时候，您不妨来个“倚老卖老，假装糊涂”。

2.当有人打电话问您家

中是否有其他人时，可回答“要不让我儿子来听电话”等。对上门维修、送货、送礼等身份不能肯定的人员，要查明其身份，尽量等子女回家后再接。

3. 老年人家里不要存放大量现金、首饰、存折和其他贵重物品，不要将存单、账号、密码等记在本子上。

4. 老年人大多住在小院的一楼，门窗一定要牢固，墙外不要有可攀爬、攀登的东西，如树木、砖墙等。

5. 老年人外出乘车或购物时，可将钱包放入裤侧袋，并在外衣口袋放一些糖果、纸巾等物品，增加窃贼下手的难度。

6. 老年人大多心地善良，喜欢助人为乐，在遇人问路，特别是在偏僻的地方不要理睬。对“化缘”的不要轻信。即使真是僧人“化缘”，你又有意捐款，也不要将大量钱款交其个人带走，应通过正规渠道联系捐款。

7. 对上门来推荐日用产品的不要轻易购买（因这类推荐的产品往往是没有上市的产品，没有质量保证），对推荐的医疗用品更不能购买。对推荐医疗各类的“卡”也不能相信，因为按有关规定，医疗用品及各类收费办卡，不能采取走门串户的方式。

8. 对上门来以“贵重物品”抵押，借钱“救急”的人，可以直接告诉他/她：“我对你的抵押品没有鉴定能力，你到典当行去吧！”需要注意的是，即使有鉴定其抵押品的能力，又确定抵押品是真货，也不能收下抵押品借钱给对方，因为你无法确认抵押品的来源，万一其抵押品是偷盗而来呢？

遭遇入室盗窃或抢劫时如何应对?

入室盗窃、抢劫同街头盗窃、抢劫相比具有隐蔽性，因此更容易造成受害人较大的财物损失，甚至对生命安全构成直接威胁。因此，在处理方式上应更理性。

1. 夜间遭遇入室盗窃，应沉着应对，能力许可时可将犯罪嫌疑人制服，或报警求助。千万不能一时冲动，造成不必要的人身伤害。

2. 家中无人时遭遇盗窃，发现后应及时报警，不要翻动现场。

3. 遭遇入室抢劫，受害人应放弃财物，以确保人身安全。

4. 遭遇入室抢劫，应尽量与犯罪嫌疑人周旋，找时机脱身；尽量记住犯罪嫌疑人的人数、体貌特征、所持何种凶器等情况，待处于安全状态时，尽快报警。

七、手机使用安全

老年人如何选购手机?

老年人由于身体原因，对手机的一些功能有特殊的需求，在选购时应予注意：

1. 屏幕大、字号大、音量大、可语音播报。老年人由于视觉、听觉的一些不便，对于屏幕字体、按键、声音有一些特殊的要求。“大”是首选。语音播报也是一种老年人需要的功能。

2. SOS一键求救功能。现在，老年人大多都是独自在家，一旦发生紧急情况，SOS一键求救功能就派上了很大的用场。此功能需要手机预先设置好求救电话和求救信息，当老人遇到紧急情况，只要按下SOS键，手机自动向预设号码发送短信，同时拨打电话。一般手机可设置5个求救号码，手机会按顺序拨打电话，直到拨通接听为止。

3. 定位功能。手机的定位功能可以让家人通过网络，实时查询老人的位置信息以及手机的电池情况。带有定位功能的手机，在一键求救时，还能够自动开启定位，将老人的实时地理位置发送到求救号码上，可以让亲人知晓老人所在地点。这个功能，很适合经常迷路，容易走丢的老人。

4. 日常必备功能。收音机、手电筒是日常生活常用功能，MP3、记事提醒等是老人使用手机的休闲功能。

手机充电应注意些什么?

1. 充电时不要接打电话。正常情况下带危险电压的零部件和可触及的导电零部件间的绝缘被击穿或接触电流过大，都很容易引起使用者触电。

2. 充电时最好取下手机套。

3. 手潮湿不要操作充电器。

4. 不要混用充电器，尽量使用原装充电器。原装手机充电器内都有过压保护线路，并且装有整流变压器装置，可以使高压变低压，直流电转换为交流电。如果使用了不合格的电池或者充电器，加上充电时环境差，比如高温、潮湿等，可能会发生意外。另外，劣质手机充电器也很容易着火。

5. 不要将手机放在枕边充电，手机发烫应尽快结束游戏或通话，使用原装电池和充电器。

6. 尽量在有人看护时充电。手机电池要尽量选择有人在时充电，这样能及时处理异常情况。充电时应注意充电器温度和有无焦糊气味，若温度过高、有明显烫手或出现焦糊味等，要先停止充电，在检查出原因和进行必要的处理后再进行充电。

7. 充电器不要长期插在插座上，充电结束后，要记得拔下电源插头，这样可以有效防止电源母线引发火灾。

老年人使用手机要注意些什么？

随着手机的普及和在日常生活中扮演着愈来愈重要的角色，智能手机已经成为老年人的“新宠”，逐渐成为离不开的生活工具。但是，在使用手机时，有几个基本安全使用常识应引起老年人注意：

1. 睡觉的时候不要把手机放在枕边。

2. 不要把手机挂在胸前。

3. 下雨打雷时不要在外面使用手机。

4. 不要在手机充电的时候打电话。

哪些老年人不宜长时间使用手机？

1. 严重神经衰弱者：长时间使用手机可能引发失眠、健忘、多梦、头晕、头痛、烦躁易怒等，从而加重病情。

2. 白内障患者：长时间使用手机，手机发射出的电磁波可使眼球晶状体温度上升、水肿，会加重白内障患者的病情。

3. 心脏病患者：实验证明，手机的电磁波可使心电图显示异常。使用心脏起搏器的人也要注意，手机可能对心脏起搏器的工作有影响。装有心脏监视器者，用手机可能影响监测结果，导致误诊。

4. 甲亢和糖尿病患者：由于甲亢、糖尿病都属于内分泌失调性疾病，而手机发出的电磁波可能导致内分泌紊乱，因而这类患者最好不用手机。

5. 癫痫病患者：手机使用者大脑周围产生的电磁波是空间电磁波的 4~6 倍，可诱发癫痫发作。

老年人如何保障手机支付安全?

要学会保障手机支付安全：不要轻信扫描陌生人发的二维码，可使用手机安全软件的扫码功能进行二维码扫描，拦截钓鱼网页，杜绝恶意下载，防止遭受欺骗和扣费损失；不要把银行卡、手机、身份证放在一起；更换手机号前，要注意在微信解除捆绑；保持设置手机开机密码的习惯；手机丢失第一时间打电话给银行和第三方支付供应商冻结相关业务；警惕“U 盾”升级等骗局；使用 360 手机卫士支付保镖查杀盗号木马病毒、盗版支付软件、检查 Wi-Fi 钓鱼，并且通过短信保镖将支付短信单独存放，防止木马盗取。

老年人如何安全使用微信？

1.微信里的这些开关，关掉。一是微信“附近的人”功能可定位你的位置，依次点击“设置——通用——功能——附近的人”，选择“清空并停用”，必要时可重新开启。

二是在微信“隐私”——“添加我的方式”开启“加我为朋友时需要验证”；关闭“允许陌生人查看十张照片”。

2.别随便晒孩子照片。有些老人爱在社交网络发孩子的照片，会提到孩子的名字、学校，图片也可能透露不少居住小区的线索。根据这些信息，别有用心的人很容易汇总出孩子的名字、家庭住址、学校，可能会让孩子有潜在的安全风险。

3.被索要微信验证码，不要给。有人佯装手机刷机，要求对方发送手机号码与验证码给他，以通过好友验证。如果发送验证码，微信号可能立马会被盗！一旦中招，可能波及很多人！

4.安装软件少点“允许”。手机安装游戏等软件时，常被要求“使用你的位置”，一旦点击“好”，这些应用便可扫描并把手机信息上传到互联网云服务器。一旦资料泄露，别人就可能知道你的位置、跟谁通话、玩什么游戏、家在哪等。